U0088217

聰明大百科
生物常識
有 go 讚

永續圖書線上購物網
www.foreverbooks.com.tw

讀品文化事業有限公司
yungjiuh@ms45.hinet.net

資優生系列 35

聰明大百科：生物常識有GO讚！

編　　　著	鄭允浩
出 版 者	讀品文化事業有限公司
責任編輯	彭仲宇
封面設計	林鈺恆
美術編輯	王國卿

總 經 銷	永續圖書有限公司
	TEL ／(02)86473663
	FAX ／(02)86473660
劃撥帳號	18669219
地　　　址	22103 新北市汐止區大同路三段 194 號 9 樓之 1
	TEL ／(02)86473663
	FAX ／(02)86473660
出 版 日	2019 年 04 月

法律顧問	方圓法律事務所　涂成樞律師
CVS 代理	美璟文化有限公司
	TEL ／(02)27239968
	FAX ／(02)27239668

國家圖書館出版品預行編目資料

聰明大百科：生物常識有GO讚！／鄭允浩編著.
--初版.--新北市 ： 讀品文化,民108.04
面；公分. --（資優生系列：35）
ISBN　978-986-453-095-3 (平裝)

1. 生物　2.通俗作品

360　　　　　　　　　　　　　　108001746

CONTENTS

為什麼樹幹是圓柱形的
——揭開植物生長的祕密

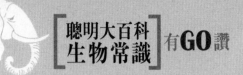

聰明大百科 [生物常識] 有**GO**讚

②

植物也會變魔術 ——神奇的綠色城堡

CONTENTS

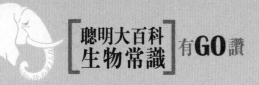

靜聽花開的聲音
——美麗的花朵們

CONTENTS

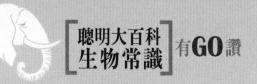

④

不移動也能改變世界
——我們的生活需要植物

CONTENTS

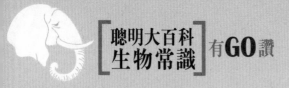

⑤

極小而又很偉大的生命
——顯微鏡下的微生物

CONTENTS

⑥

運轉靈活的機器
——我們的身體是如何工作的

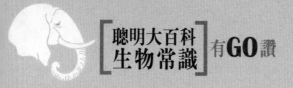

CONTENTS

⑦

發燒是福還是禍
——健康的祕密

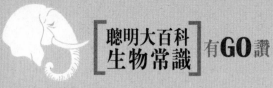

CONTENTS

⑧

大自然的獵人
──跟生物學家一起探祕

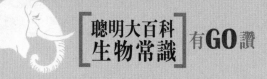

為什麼樹幹是圓柱形的——
揭開植物生長的祕密

瓜子殼才是果實

園子裡有幾棵向日葵和幾棵柿子樹，日出日落，向日葵的金色圓盤始終向著太陽轉。而那幾棵柿樹始終默默地站在園子的一邊，日復一日，直到秋風吹來了收穫的喜訊。

園子的主人把葵花籽收集起來曬乾，把它們炒熟後給孩子們吃。然後把柿子摘下來精心製作後放在陽光下晾曬。這個時候，最高興的莫過於葵花籽中的種子了，它不時地對包裹著它的瓜子殼喊道：「快放我出去，孩子們最喜歡我了。」

瓜子殼沉默不語。

種子繼續大喊：「你聽見了沒，你對我一點好處都沒有，真是要憋死我了。」

瓜子殼終於開口了：「你別這樣說，如果沒有我的保護，你會發黴、會爛掉的。」

種子「噗」的一聲笑了，它嚷道：「你這個壞傢伙，我可是一顆健康的果實。健康的果實！聽到沒有，誰要你來保

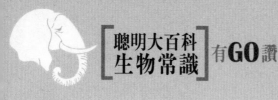

護，哼。」

「你是種子，我才是果實。」瓜子殼依舊慢吞吞地說。

「你？有沒有搞錯？你有肉可以讓人吃嗎？你真是令人討厭，快放我出去！」種子吼道。

一直在另一個盤子裡躺著的柿子忍不住了，它大聲說道：「你這個小不點，叫什麼叫，你不是果實，瓜子殼才是呢。它為了保護你才變成這個樣子的。這是千真萬確的，不信你問問蘋果大哥，它見多識廣。」

「你確實不是果實，果實是由子房發育而成的，而你只是由胚珠發育成的種子。」蘋果慢條斯理地說。

種子沉默了，它似乎明白了什麼。

原來，要想區分種子和果實，需要從果實和種子的形成過程談起。植物生長到一定階段，就要傳粉、受精和繁殖後代。雌蕊受精以後，花的各部分便發生顯著變化：花萼和花冠一般都枯萎了，雄蕊和雌蕊的柱頭也都萎謝了，只剩下子房。隨後，子房裡的胚珠發育成種子。同時，子房也跟著長大，發育成為果實。

因此，要想區分是果實還是種子，就必須先知道它是由花的哪一部分發育而成的。

世界上第一粒種子的媽媽

我們腦中經常會有這樣的疑問：我是從哪來的？從媽媽肚子裡來的。媽媽是從哪來的？從外婆肚子裡來的。那外婆是從哪裡來的？從……

這一天，一棵小黃豆苗也問了路邊的馬尾草同樣的問題。

馬尾草告訴小黃豆苗，它曾聽研究組的同事說過這個問題。研究組的同事說：經過科學家的大量研究發現：種子是由非生命物質氮、氫、氧、碳四大元素演化而來的。那是距今60億年前，當時地球上沒有任何生命現象，只是被含上述四種元素的氣體所包圍，伴隨著環境的變化，這四種元素不斷地進行著化合、分解等各種化學變化。

到了30多億年前，地球上出現了細胞，但那時的細胞沒有細胞核。又經歷了大約20億年，細胞才具有完整的細胞核。大約在三、四億年前，地球出現陸地，隨著陸地植物的不斷進化，有些植物開始用孢子繁殖。孢子植物開始時不分雌雄，後來，植物中出現了大小不同、雌雄有別的兩種孢

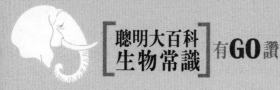
子，雌孢子和雄孢子結合，就發育成種子，世界上的第一粒種子就這樣誕生了。

聽完馬尾草的敘述後，小黃豆苗高興極了，因為它終於明白了自己最早最早的祖先是誰。

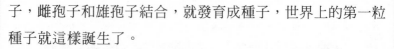

爲植物接種「疫苗」

人會生病，植物也一樣會生病，植物的病蟲害會給農業和林業帶來嚴重的危害。為了確保農業豐收和森林繁茂，植物防病治病的新方法、新技術不斷湧現。給植物接種「疫苗」就是一個好辦法。

眾所周知，蚜蟲是植物的大敵。如何對付蚜蟲，一直是個令人頭痛的問題。不久前，科學家發現了一個有趣的現象，那就是蚜蟲特別害怕銀灰色光。

根據這個特點，科學家為植物配製了銀色的塑膠薄膜

劑，噴灑到植物身上，就好像替它們穿上一件「隔離衣」，使蚜蟲再不敢來騷擾了。

　　森林和農田中，也經常會出現許多可怕的流行疾病，病毒透過昆蟲攜帶，到處傳播。為了及早預防病害的蔓延流行，植物學家發明了為植物「驗血」的方法，使人們能迅速發現植物發病的早期症狀。

　　這種方法和人類驗血差不多。首先把農田和森林中各種能傳染疾病的昆蟲磨成漿，取出裡面的汁液，然後再滴到病毒抗血清中進行檢測。如果昆蟲帶有病毒，就會發生一種特殊的血清反應，既靈敏準確，又快速有效。

　　根據檢測的結果，植物學家為了防止植物患病，創造出「接種疫苗」的新方法，它與人類施打疫苗的原理有些相似。植物學家用各種誘導因數給幼苗接種，就像接種「疫苗」一樣，使植物獲得整體免疫，進而能抵抗各種病害。

　　因為植物病毒會互相干擾，如果植物體內已經有了一種病毒，它的結構與有害病毒的很相似，就能使植物產生抗體，對付有害病毒。

植物也有血型

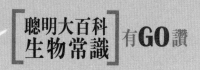

有一天，日本的一個警察局中，響起了一陣陣急促的電話鈴聲，有人通報一位婦女在家中被人謀殺。

10分鐘後，經驗豐富的法醫山本茂隨同員警趕到現場，對死者的血型進行化驗。在化驗的過程中，他腦海中突然閃現出一個有趣的想法，於是他順便化驗了死者枕頭內的蕎麥皮，化驗的結果讓他驚訝的發現，蕎麥也有與人類相似的血型──AB型，這是多麼不可思議的新鮮事啊！

誰都知道，植物和動物是兩大類截然不同的生物，但隨著對植物科學的深入研究，人們不僅瞭解到植物有血型，後來又發現在植物體內，還存在著許多其他有趣的動物現象。

最早發現植物血型的人，就是日本法醫山本茂。後來，他收集了600多種植物的種子和果實，還專門進行A、B、O系血型的廣泛調查，然後他將這些植物按照不同的血型分別歸類。比如，葡萄、山茶、山櫨、蕪菁等植物屬O型植物；桃葉珊瑚等屬於A型植物；而扶芳藤、大黃楊等被歸到B型

植物；此外，它還把蕎麥、李樹、珊瑚樹、地錦槭等歸屬到
AB型植物。

當然，植物體內的汁液與人體中的血液有所不同，這裡
指的血型物質，實際上主要是汁液中精蛋白一類成分，與人
體內的血型物質相似。今天，這種新奇的研究方法，成為一
種新的植物分類方法——植物血清分類法的重要依據。

植物也是有語言的

過去人們都以為植物個個是啞巴，是在無聲無息中
度過一生的。後來植物學家們研究發現，植物是
有語言的。做實驗時，他們製造了一種高靈敏的傳聲器，用
來傾聽植物的語言。這種傳聲器聽到了從植物根部發出的不
同聲頻、不同高低的聲音振動。

有趣的是如果將這種振動翻譯成人類語言，便是：「渴

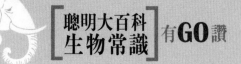

死我了！」「餓死我了！」這是因為植物的根在缺水或缺營養的時候，能自動發出微弱的聲音來。植物學家們透過這種探測器，傾聽到植物的聲音後，便可及時灌水、施肥，使植物長得更好。

植物的語言有時又透過釋放資訊物質來表示。可以說，在地球上，植物是第一個進入資訊時代的。科學家們發現，不少植物在遇到危險時，能發出SOS求救信號。

美國、荷蘭的科學家發現，玉米便能在遇到毛蟲攻擊時，會發出SOS信號，向昆蟲騎士呼救。例如，科學家們透過研究證明，當玉米葉被毛蟲啃食時，被啃食的玉米葉和未被啃食的玉米葉，都會釋放出一些能揮發的化學資訊物質。這些化學資訊物質是幾種萜源化合物的混合物。

寄生蜂透過這種化學資訊物質，接收到玉米發出的呼救信號後，就會循跡而來，找到毛蟲，然後向它們發動攻擊，使玉米獲救。當然，寄生蜂並非真正是行俠仗義的騎士，只是因為毛蟲身體是寄生蜂最佳的寄生生育場所而已。

研究還證明，不僅玉米，許多農作物在遭到毛蟲危害時，都會發出SOS求救信號，引來昆蟲救援。

灰熊溫暖的木房子

冬天要到了，大灰熊急著找過冬的地方。最終，牠找到了一個大樹洞，藏在裡面睡了一整個冬天。春天來臨時，大灰熊鑽出了樹洞，卻發現這個大樹雖然空心，卻仍像往常一樣發出了很多嫩芽。

大灰熊想了半天也沒弄明白，於是就問樹上的灰喜鵲，灰喜鵲告訴牠：植物體內有兩條運輸營養物質的運輸線，一條是位於樹皮裡面韌皮部中的篩管，它把葉片透過光合作用製造出來的有機物，向下輸送到根部以及植物的全身，只要樹皮在，這條運輸線就是暢通的。

另一條是導管，能把根從土壤中吸收來的水分和鹽，向上運輸到葉片及植物的全身，它位於樹皮以內的木質部裡。空心的樹幹只是損失了一部分木質部和髓，靠近樹皮的新生木質部仍然還保留著，所以導管這條運輸線仍然是通暢的。

但若樹幹掉了大片樹皮，第一運輸線也就大多被切斷了，樹根得不到足夠的有機物，樹就有被「餓死」的危險

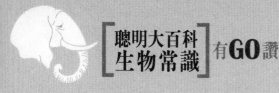

了。不久以後，上面的枝葉也會因沒有了水分和鹽，而枯萎死亡。

這就是人們常說的「樹怕傷皮不怕空心」的道理。但是有些樹的樹皮有很高的經濟價值，比如杜仲等的樹皮可製作中藥，紅豆杉的樹皮還可提取稀有的抗癌藥物。因此有很多不法分子為利益所驅，大量地剝樹皮，造成眾多樹木死亡。

樹木的年齡「證書」

古時候，有人說他發現了千年古木，人們都不相信，但誰也沒辦法證明。這時，一個木匠站出來說，只要砍下樹來，數一數它的年輪就行啦。人們照他說的去做，果然戳穿了那個人的謊言。

很多時候，人們都是透過年輪來計算樹木的年齡。這是因為，在樹木莖幹的韌皮部內側，有一圈細胞生長特別活

躍，能夠形成新的木材和韌皮組織，被稱為形成層，樹幹增粗全靠形成層的力量。

這些細胞的生長情況，在不同的生長季節中有明顯的差異。春天到夏天的天氣最適於樹木生長，因此，形成層生長迅速，產生的細胞體積大，纖維較少，輸送水分的導管數目多，稱為春材或早材；到了秋天，由於形成層細胞的活動逐漸減弱，產生的細胞當然也不會很大，纖維較多，導管數目較少，叫做秋材或晚材。

早材和晚材合起來成為一圓環，就是樹木一年所形成的木材，也就是年輪了。根據樹木年輪的圈數，我們就很容易知道一棵樹的年齡了。

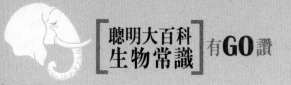

爲什麼樹幹是圓柱形的

森林裡有一棵特別不安分的大樹，它常常想變得與眾不同。每當它環顧四周，發現自己和別的大樹長得都一樣時，它就會唉聲歎氣。它也不時地自言自語或是把自己的想法告訴同伴，因此同伴們都管它叫「夢想家」。

這位「夢想家」每天晚上都會做夢，夢到各種稀奇古怪的事情，比如它夢見自己長著翅膀能飛啦，或是背著行囊去旅行啦，等等。

有一天晚上它像往常一樣進入了夢鄉，它又開始做夢了，這次它夢見自己變成了棱角分明的立方體。它高興極了，因為發現自己終於可以和周圍的夥伴分開了，自己真的與眾不同了。正當它扭動腰肢、自我欣賞之際，狂風大作，這時候它發現任憑自己怎麼努力也站不穩腳。沒一會兒功夫，它就被連根拔起。風停了，太陽出來了，它卻再也站不起來了。

大樹嗚嗚地哭著從夢中醒來，同伴們都紛紛的來安慰

它，問它究竟發生了什麼事情。大樹抽泣著把自己的夢告訴了同伴們。

聽完它的話，一棵年齡比較大的樹爺爺說話了，他說：「孩子們，你們知道樹幹為什麼都是圓柱形的，而不是三角形、四角形、五角形嗎？這樣自然是有它的道理的。首先，圓柱形的結構具有最大的支撐力，因為所有的形狀中，圓柱形的支撐力最強。

其次，圓柱形的樹幹不存在棱角，也就不容易受到摩擦，而且它還能避免動物大肆啃食；另外，由於樹幹是圓柱形的，無論哪個方向來的風，都能一視同仁地讓它們繞過去，所以圓柱形樹幹的抗風能力也最強。

「所以，我們的祖先就選擇了這個形狀。此外，我們能防風固沙、防止水土流失，還能製造氧氣、消除噪音等，保護地球環境……」

樹爺爺說完之後，大家都沉默了，那位「夢想家」也靜靜地沉思起來。

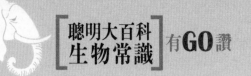

無土也可以栽培植物

19世紀末期，美國大文豪馬克‧吐溫曾來到地中海東岸的巴勒斯坦。他並沒有見到《聖經》中所描繪的「到處流著奶和蜜」的繁榮景象，相反，那裡滿目瘡痍的破敗狀況使他震驚不已。後來他以近乎絕望的筆調寫道：「在世界上最淒涼的地方當中，巴勒斯坦當屬首屈一指，這裡寸草不生，沒有希望。」

然而，20世紀末，以色列人民卻在這塊荒漠中創造了人間奇蹟，以色列也一樣成為世界農業強國。它的成功祕訣之一就是大規模地進行無土栽培。

早在19世紀中葉，就有科學家提出過不用土壤栽培植物的設想。但是，這種設想當時被人們嘲笑為癡人說夢。

1929年，科學家終於在不用土壤而只用營養液的情況下種出了一株7.5米高的番茄，收穫了14公斤的果實，轟動了全世界。

無土栽培的原理其實很容易被人理解，我們知道，植物

種在土壤裡，主要是利用裡面所含的水分和養料。如果我們能為植物提供足夠的水分和養料，那麼植物就可以離開土壤而生長發育了。這就是無土栽培的原理所在。

有了無土栽培法，就可以在沒有肥沃土壤的地區，例如貧瘠的山區和遙遠的海島，以及在不適宜栽培某種作物的季節裡，栽培出人們所需要的蔬菜和瓜果等。

無土栽培法幾乎可以用於一切農作物。它不會污染環境，長出來的作物也不會被環境污染。此外，無土栽培法能節約土地種植面積，不使用有機肥料，無臭味。它用水經濟，不受旱澇威脅，而且生長速度較快。說不定不久的將來，這種方法就會被廣泛使用。

【實驗一】 會走迷宮的黃豆苗

關在鞋盒子裡的黃豆苗居然會「走迷宮」！

需要的材料

三粒黃豆，一個有蓋子的鞋盒，一個紙杯子，一些培養土，一把剪刀，一張厚紙板，一卷膠帶紙。

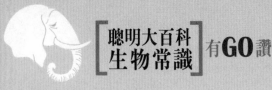

實驗步驟

1. 將紙杯裡裝滿培養土。

2. 把黃豆種子種在杯中的泥土裡，並給泥土澆水，等待種子發芽（大約5至7天）。

3. 剪下兩張厚紙板，紙板的大小要可以放入鞋盒。

4. 用膠帶紙把厚紙板粘在鞋盒子裡做成迷宮。

5. 用剪刀在盒蓋的一端鑽一個洞。

6. 當黃豆芽鑽出土後，將紙杯子放在紙盒子裡的一端。

7. 蓋上鞋盒蓋，使蓋子上的洞在紙杯子相反的一側。

8. 每天打開鞋盒蓋，觀察黃豆芽的生長情況，如果泥土變乾了，就要澆一些水。過一陣子你就會發現，黃豆的莖會在盒子裡繞過厚紙板彎曲生長，並且會從鞋盒蓋上的洞裡伸出來。

實驗大揭祕

植物都具有「趨光性」，會朝著有光的方向生長。在植物莖的背光一側，植物生長素會在這裡聚集，進而使植物的細胞變長，生長較快。所以，莖就會朝著有光的方向彎曲。

科學小常識

向日葵是趨光性十分明顯的植物。向日葵的莖部含有一種奇妙的植物生長素。這種生長素非常怕光，一遇光線照

射，它就會到背光的一面去，同時它還刺激背光一面的細胞迅速繁殖，所以，背光的一面就比向光的一面生長得快，使向日葵產生了向光性彎曲。

【實驗二】 植物的葉子也會呼吸

植物的葉子也會呼吸，但是你知道它們是用哪一面來呼吸的嗎？

需要的材料

一株盆栽觀葉植物，一瓶凡士林。

實驗步驟

1.在盆栽植物的三片葉子的正面塗上一層厚厚的凡士林。

2.在另外三片葉子的背面塗上一層厚厚的凡士林。

3.每天觀察一次，連續觀察一個星期以後，你會發現，背面塗有凡士林的葉子會枯萎，而正面塗有凡士林的葉子卻沒有什麼變化。

實驗大揭祕

葉子的背面有很多氣孔，二氧化碳和氧氣就是從這些氣孔裡進出的。當葉子的背面被塗上了凡士林以後，氣孔都會被堵住，葉子進行光合作用所需要的二氧化碳就無法進入葉子裡。同時，堆積在葉子裡的氧氣也無法排出來，葉子就枯

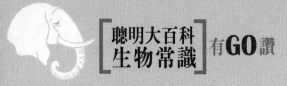
萎了。而葉子的正面沒有氣孔，因此在葉子的正面塗上凡士林對葉子的生長沒有影響。

科學小常識

夏天烈日下，植物氣孔關閉，蒸發作用減弱，那葉子是如何降溫呢？植物體內水分很多，而水的比熱容較大，因此即使在一段時間的高溫條件下，植物也不會因此而有過大的不良反應。但由於氣孔關閉，蒸發作用受抑制，植物很難吸收水分，而植物體內水分會從皮層縫隙蒸發，但不能帶走很多熱量，因此植物體溫度會暫時升高。不過夏季烈日照射時間不會太長，因此植物不會有多少危險。

【實驗三】 誰在操縱扁豆的生長方向

播種時種子的方向和種子的生長是否有關，你知道是誰在「操縱」植物的生長？

需要的材料

四粒扁豆，一卷膠帶紙，一個玻璃杯，一支筆，一些紙巾。

實驗步驟

1. 將幾張紙巾捲成筒狀，並貼著玻璃瓶的內壁放入杯中。
2. 將幾張紙巾揉成團塞在玻璃杯內，使前面放下去的紙巾緊貼著玻璃杯。

3. 在玻璃杯的外側貼上一圈膠帶紙，並在膠帶紙上標出表示上、下、左、右這四個方向的箭頭。

4. 在杯子內每個箭頭的下方分別放1粒扁豆，每粒扁豆的種臍都朝向箭頭所指的方向。

5. 向杯子裡的紙巾灑一些水，使紙巾有些濕，千萬不要弄得太濕。

6. 一直使紙巾保持潮濕狀態，一個星期後，你會發現，無論扁豆放置的方向如何，長出來的根都是向下生長的，而莖都是向上生長。

實驗大揭祕

植物生長素的濃度對不同器官的影響不一樣。根對生長素濃度的反應敏感，而莖對生長素濃度的反應敏感性較差。

對於莖來說，靠近地面的一側生長素的濃度較高，細胞生長較快，而遠離地面的一側，生長素的濃度較低，細胞生長較慢。這樣一來，莖就背著地面向上彎曲，表現出負向重力性。

然而，對於根來說，由於它對生長素的反應敏感，較高濃度的生長素會抑制根的生長，因此當靠近地面的一側生長素的濃度較高時，細胞的生長受到抑制，而遠離地面的一側，卻由於生長素的濃度較低而使細胞的生長加速。這樣一來，根就向下彎曲，表現出正向重力性。

科學小常識

　　由於植物的根莖具有上述特性，所以我們在播種時，可以不管種子的方向，這就為農業生產提供了很大的方便。另外，植物的根向土壤深處生長，不僅可以把植物體固定下來，而且還便於根從土壤中吸收水分和無機鹽。而禾穀類作物倒伏後，它的莖節向上彎曲生長，仍可維持植株的生長發育正常進行。

植物也會變魔術——
神奇的綠色城堡

會流眼淚的胡楊樹

樹木怎麼會流眼淚呢？你大概覺得很奇怪吧，但自然界中就是有這麼神奇的事情。在中國塔克拉瑪干大沙漠的邊緣，有一種十分珍貴的胡楊樹。

胡楊樹十分高大，樹幹上流出好多「眼淚」，彎曲的樹幹像一個弓著背的老人，無論天氣多乾旱，風沙多麼猛烈，它始終堅定地站在那裡。它雖然其貌不揚，卻有著極強的生命力。

胡楊樹耐乾旱，耐鹽鹼，抗風沙，能在年降水量只有十幾毫米的惡劣自然條件下生長。當地農民說：「胡楊三千年，長著不死一千年，死後不倒一千年，倒地不爛一千年。」

正是由於這種乾旱的生活環境，使它不得不在體內貯存較多的水分。如果用鋸子將樹幹鋸斷，就會從伐根處噴射出一米多高的黃水。如果有什麼東西劃破了樹皮，胡楊體內的水分就會從「傷口」滲出，看上去就像傷心得流淚一樣。因此當地人稱胡楊是「會流淚的樹」。

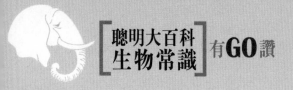

不過，它所流的「淚」很快就變成一種結晶體，叫做胡楊鹼，可以食用、洗衣，還可以做肥皂呢！

光棍樹的願望

植物國中有幾棵光棍樹，這些樹無論春夏秋冬總是光禿禿的，全身上下沒有一片綠葉，只有許多圓棍狀肉質枝條，也因此，人們稱它們為「光棍樹」。

春夏時節，正是綠色植物枝繁葉茂的時候，其中有一棵頂小的光棍樹非常渴望有一天自己也能長滿綠葉，但它就是不知道自己為什麼無論多努力吸收養分都無法長出綠葉。小光棍樹很苦惱，它想解開這個謎團，有一天它就向一位植物學家詢問這件事的原因。

聽完小光棍樹的問話後，植物學家笑了，他說：「你們的故鄉在東非和南非，那裡氣候炎熱，乾旱缺雨，蒸發量非

常大。在這種嚴酷的自然條件下，葉子越來越小，最後逐漸消失，就變成今天這副模樣了。你們沒有了葉子，就可以減少體內水分的蒸發，避免了被旱死的危險。不過你們雖然沒有綠葉，但你們的枝條完全可以代替葉子進行光合作用，製造出供植物生長的養分，這樣你們就能長大了。」

植物學家還告訴小光棍樹：「你們的枝條雖然沒長葉子，但是卻含有很多乳白色的汁液，這種汁液是一種高級碳氫化合物，可以為人們提供『綠色石油』。」

不怕火燒的「英雄樹」

世界上有不怕火燒的樹？這早已經不是什麼奇聞了。生長在非洲的安哥拉的一種叫作梓柯的樹，就有這樣的功效。它的枝杈間長著一個個饅頭似的節苞，裡面儲滿了液體，節苞滿布著小孔。當它們遇到火光的時候，就立

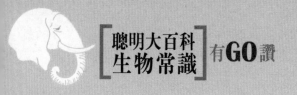

即從小孔噴出液體，這種液體含有四氯化碳，是一種滅火能力很強的化學物質。因此，人們稱這種樹為「滅火樹」。

木荷樹也是一種防火樹，能阻止火焰蔓延。它通常生長在中國粵西山區森林中，樹葉含水量高達45%，在烈火的燒烤下焦而不燃。它的葉片濃密，覆蓋面大，樹下又沒有雜草滋生，因此既能阻止樹冠上部著火蔓延，又能防止地面火焰延伸。

美國林業專家發現常春藤等幾種植物也不怕火燒，甚至可以稱為滅火植物。原來它們接觸火苗後本身並不燃燒，只是表面發焦，因而能阻止火焰蔓延。根據這樣的特性，有人開始設想，如果將常春藤成排地種植在森林的周圍，就能形成防火林帶。

落葉松也是不怕火燒的樹種。這是因為落葉松挺拔的樹幹外面包裹著一層幾乎不含樹脂的粗皮。這層厚厚的樹皮很難被燒透，因為大火不會傷害到它裡面的組織，而只能把它的表皮烤糊。即使樹幹被燒傷了，它也能分泌出一種棕色透明的樹脂，將身上的傷口塗滿，隨後凝固，把那些趁火打劫的真菌、病毒及害蟲都隔離了。因此，落葉松就成了熊熊林火中令人矚目的「英雄樹」。

生長在中國海南的海松也是一種不怕火燒的樹。用它做成的菸斗，即使長年累月的煙薰火燎也不會被燒壞。這是因為海松具有特殊的散熱能力，木質又堅硬，特別耐高溫。

　　南非喬治森林研究站的工作者也發現，蘆薈不怕火燒。一般來說，植物的葉子枯萎後便脫落了，而非洲大草原上的一些蘆薈的枯葉卻死而不落。一場火災後，死葉覆蓋主幹的蘆薈中有90％以上經受了煉獄的考驗活了下來。由於蘆薈的死葉有某種不易燃的物質，在死葉的保護下，大火無法達到致蘆薈於死地的高溫，蘆薈就能逃過劫難。

　　不怕火燒的植物還有很多，這些植物的存在並不奇怪，因為很多物種在其漫長的進化過程中，都能逐漸形成一種自身保護的能力。

尋找樹中的「巨人」

大你能說出世界上體積最大的樹是什麼嗎？

　　告訴你吧，在美國加州內華達山脈西坡上，生長著一小片巨杉林，這就是世界上的樹中「巨人」。巨杉樹幹

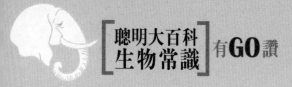

粗大筆直，高聳入雲。最高的一株巨杉樹高83.8米，基部直徑11.1米，下部沒有枝丫，像一個高高的樹標聳立在公路旁，人們叫它「謝爾曼將軍」。

據科學家們估計，這株巨杉樹齡約2150年左右，應該不超過3100年，被稱為「世界爺」。也就是說，世界上所有的樹木和它們相比，在個頭上和年齡上都只能算是孫子輩呢！樹幹圍長31.1米，需要20多個成年人才能抱住它！

人們從它的樹幹下面開了一個洞，洞中可以讓四個騎馬的人並排走過。即使把樹鋸倒以後，人們也要用長梯子才能爬到樹幹上去。它的樹樁大得可以做個小型舞台。

有人曾估計這株巨杉重6000多噸。1985年，科學家根據它的木材比重重新進行了測算，認為「謝爾曼將軍」樹重2800噸。這個重量雖然不足原估計的一半，但在整個地球的生物界卻是絕對的冠軍。就算是用藍鯨這麼大的動物來與它比較，也要15頭左右的藍鯨才足以與它的體重匹敵。

巨杉這種超級樹木的歷史非常悠久，7000萬年前曾遍佈北半球。後來，經過第四紀冰川的浩劫，只有內華達山脈上保留了一小片杉樹林。所以巨杉是世界上體積最大的樹。

會長麵包的樹

一隻小型的黑猩猩獨自走在森林裡，牠不時停下來東張西望，像是在尋找什麼東西。突然，樹上跳下來一隻猴子，牠問黑猩猩在找什麼。

黑猩猩說：「我的媽媽病了，我要出來摘些麵包給她吃，可是我卻不知道該去哪兒找。」

「這樣啊，你跟我來，我知道在哪裡。」猴子拍拍胸脯說。於是黑猩猩跟著猴子找到了那片麵包樹林，牠高興地摘著樹上的麵包。

你是不是覺得這是在做夢？但這對有些人來說卻是輕而易舉。

在南太平洋的馬達加斯加島上，當地居民吃的「麵包」就是從樹上摘下來的，這種樹叫「麵包樹」。麵包樹的枝條、樹幹直到根部都能結果。果實的大小不一，大的如同足球，小的形似柑橘，最重可達20公斤。

麵包果的營養很豐富，含有大量的澱粉，還有豐富的維

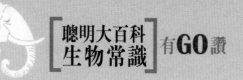
生素A和維生素B及少量的蛋白質和脂肪。人們從樹上摘下成熟的麵包果，放在火上烘烤至黃色，就可食用。這種烤炙的麵包果鬆軟可口，酸中帶甜，口感和麵包差不多。

　　麵包果還可用來釀酒和製作果醬，是當地居民不可缺少的木本糧食呢，所以家家戶戶都種植。大千世界，真是無奇不有啊！

紅藻的家在海的最深處

　　一般的植物都是靠葉綠素，以二氧化碳和水為原料產生光合作用，由此生長、發育、繁殖的。但紅藻的家在大海的最深處，很難見到陽光，它是怎樣生活的呢？

　　就算是大海裡的居民，小螃蟹對此也很納悶。一天，小螃蟹同往常一樣在海邊散步，突然牠發現了遠處有一條紅色的帶子飄在淺水裡，很像紅藻。牠快步走過去打了聲招呼：

「嗨，你是誰？你的家在哪裡呀？」

「我叫紅藻，住在大海的最深處，中午我正睡得迷迷糊糊，不知是什麼東西把我拖到這裡。」那條紅色帶子說。

「是這樣啊，那你們在海底怎麼生活啊？」小螃蟹又問，「看起來，你沒有葉綠素，那該怎樣進行光合作用呢？」

「嘻嘻……實際上，我們海裡生長的植物也是有葉綠素的，不過含量不多。海裡和海面的情況不大一樣，蔚藍色的海水那麼深，海面有很多生物在活動，海水裡又有大量的各種鹽類，都對太陽光裡各種顏色的光線進入海水起了一定的阻擋作用。紅光只能透入海水的表層，橙黃色光能透入較深一點，綠、藍、紫色光能透入得更深一些。所以，綠藻吸收紅光，生活在最淺的地方；藍藻吸收橙黃色光，生活在較深的地方；褐藻吸收黃綠色光，生活在更深一些的地方；我們紅藻是吸收綠光的，所以，生活在最深層。一般離海面近的植物，葉綠素的含量多一點，越是深海裡的植物，葉綠素的含量越少。就像我們，葉綠素的含量比綠藻少得多。」

小螃蟹聽完後點了點頭說：「原來是這樣啊！太神奇了，那你在這裡怎麼生活啊？」

紅藻聽後歎了口氣說：「明天太陽出來後，我就會被曬死，所以我要想辦法回去。」

小螃蟹說：「我回去找我的夥伴們幫忙，送你回去。」

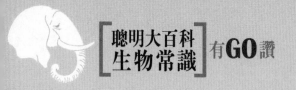

「那真是太謝謝你了。」紅藻高興地說。

後來，小螃蟹和牠的夥伴們幫助紅藻回到了海底的家。

「鬧鬼」的柳樹

很多年前，江蘇某地的一些人在夜晚發現了幾株會發光的柳樹。當時他們感到又奇怪又害怕，以為是「鬧鬼」了。白天，這些樹樁毫不起眼，可是到了夜間，它們卻閃爍著神祕的淺藍色的光。

後來的很長一段時間裡，始終沒有人知道，這究竟是為什麼。後來，人們經過研究發現，發光的不是柳樹，而是寄生在它身上的真菌——假蜜環菌的菌絲體。因為這種菌會發光，人們便給它取名為「亮菌」。這種菌長得像棉絮一樣，專找一些樹樁安身，吮吸植物養料，吃飽了就得意地閃光。

還有一些植物也會發光，但它們發光卻不是這種「亮

菌」引起的，而是因為這些植物體內有一種特殊的發光物質——螢光素和螢光酶。植物在進行生命活動的過程中要進行生物氧化，螢光素在酶的作用下氧化，同時放出能量，這種能量以光的形式表現出來，就是我們看到的生物光。

　　生物光是一種冷光，它的光色柔和、舒適。科學家受冷光的啟示，模擬生物發光的原理，製造出了許多新的高效光源來。

樹上的「玉淨瓶」

　　傳說中的「玉淨瓶」是《西遊記》中金角大王和銀角大王的五件寶貝之一。這種「玉淨瓶」可以把人或妖裝入其中，只需一時半刻就能將其化為膿水。但是有些樹上的「玉淨瓶」也有此神功，不過，它裝的不是人或妖，而是小蟲。

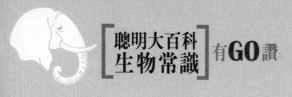

　　東南亞的熱帶森林裡，長著一種奇怪的草，名叫豬籠草。豬籠草有一個獨特的吸取營養的器官——捕蟲籠，這些捕蟲籠有的像當地的豬籠，有的像胖胖的大水罐，有的像細溜溜的冷水瓶，有的像上粗下細的大漏斗，形狀奇特。有人將這種捕蟲籠戲稱為「玉淨瓶」。

　　豬籠草是一種食肉植物。這類植物並不都是透過光合作用獲取養分生長的，也有可能依靠食用葷類昆蟲來養活自己。它們能借助特別的結構引誘捕捉昆蟲甚至是一些小蜥蜴、蛙類、小鳥等小動物，然後靠消化酶、細菌或兩者的作用將其分解，然後吸收其養分。

　　「玉淨瓶」就是豬籠草狩獵用的捕蟲袋。一些饑餓的小蟲被美麗的「瓶子」吸引，興沖沖地爬上「瓶子」，吮吸瓶口甜蜜的誘餌，一不小心便跌入瓶內的「深潭」，被「深潭」中貌似清水實則為消化液的各種酶化成「肉湯」，成為豬籠草的營養品。

　　豬籠草是食蟲植物中的一大類型，全世界共有70餘種，主要生長在東南亞、中國南部、印度、斯里蘭卡一帶。它們中的許多種能爬到幾十米高的大樹上，利用大樹的身體，佈下捕蟲的天羅地網。在沒有樹木可攀援時，豬籠草就把捕蟲袋放在地面上，同樣也可捕食到各種小蟲。

醉人草與死亡樹的故事

波利尼西亞出產一種草，屬於胡椒屬，當地人民把它叫做「卡瓦」，也有叫做「考沙」的，它就是醉人草。

「卡瓦」，是多年生的草本植物，莖高3米多，葉子形狀像心臟。花開得很多，小小的，黃綠色。波利尼西亞有野生的「卡瓦」，但是當地人民都熱心栽培這種植物，因為它的根中含有一種樹脂，具有麻醉性，是利尿的藥。當地人民嗜好這種樹脂，就像嗜酒的人對酒的貪戀一樣。醉人草的麻醉性很像鴉片，但二者成分又不一樣。

植物界裡不僅有令人麻醉的草，還有使人致命的樹。18世紀的時候，英國軍隊與東印度群島中的婆羅洲土人交戰，土人把蘆葦薄片的一端削成箭頭，箭頭尖上蘸上毒樹的汁液，善射的人把這種箭射向來犯的敵軍，最遠可射250尺遠。

起初英國士兵不知道這箭的厲害，徑直往前走，但是不一會兒，毒箭的殺傷力使英國士兵驚駭萬分，再也不敢貿然

行動了。這種最毒的樹叫「見血封喉」，又稱為「箭毒木」。

箭毒木是一種落葉喬木，一般高25～30米，樹幹筆直，樹冠龐大，枝葉有粗毛。箭毒木多分佈在赤道附近的熱帶地區，中國的海南島、雲南和廣西等地也有少量分佈。

它的樹皮和葉子中有一種白色的乳汁，毒性非常厲害。這種毒汁如果進入眼中，眼睛立刻就會失明。它的樹枝燃燒時放出的煙氣，熏入眼中，也會造成失明。

「箭毒木」的意思是，這種樹汁可作箭毒，塗在箭頭上可射死野獸。為什麼又叫它「見血封喉」呢？因為用這種樹汁製成的毒箭，射中野獸之後，3分鐘內能使血液迅速凝固、心臟停止跳動而導致死亡。這種有毒的樹汁如果碰到人的皮膚傷口上，也會導致死亡，因此，人們給它取了這個可怕的名字。

酷似人類身體的海椰子

很久以前，一位馬爾地夫漁民在印度洋上捕魚時，撈上了一顆奇特的椰子——它的形狀竟像是女人的骨盆。他將這顆椰子帶回了島上，人們聞訊紛紛趕來觀賞。最後，人們一致認為這種奇形怪狀的椰子是生長在海底的椰樹的果實，所以就給它起了一個名字，叫做「海椰子」。

後來，人們在在塞席爾群島的第二大島普拉斯蘭島發現了這種椰樹，那裡的「五月山谷」裡，掛滿了這種巨型的椰子。如今，這種神奇靈異的植物已經成為遊客到塞席爾群島必定會去觀賞的植物，儼然成為了風光旖旎、花香襲人的神祕島國塞席爾的一個象徵。

海椰樹高一般為5~6米。它們有一個有趣的生長現象，就是它們總是一高一矮併排生長，原來它們是雌雄異株，高的是雄樹，它像衛兵一樣日夜守衛在果實累累的雌樹旁邊。

更奇妙的情景會發生在它開花授粉時。在開花的季節，到了晚上，雄樹的樹冠就會左右搖晃，以便把花粉傳授給雌

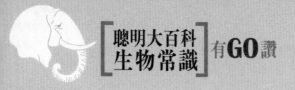

花。因為它們的這種默契合作，人們便把海椰果稱為「愛情之果」。

海椰樹生長十分緩慢，通常要生長25年才能開花結果，即使結果後，還要再經過8年的孕育，果實才會成熟。可是它的壽命很長，能活上千年，連續結果百年以上。

最為奇異的是，海椰樹的雌雄樹都會結果。雌樹結的果子有臉盆般大，一個可重達30公斤；雄樹的果子像彎彎的長棒，長1米多。這種雌雄都能結果的樹實屬罕見。

此外，海椰的經濟價值也很高，它的汁液香醇，椰肉是上等補品，椰殼可以雕成工藝品，椰葉可以編席子……由於島上的海椰樹比較少，也就格外使它受到人們的喜愛，一個海椰果的價值可達200美元呢！

會跳舞的跳舞草

世界上有一種植物可以跳舞，它生長在中國的南方，人們給它取了一個非常好聽的名字叫『跳舞草』。在印度、斯里蘭卡等熱帶地區也能見到。

這種草在跳舞的時候時而會像雞毛一樣飄動，會像鴛鴦相戲，丹鳳求凰，所以也有人叫它「雞毛草」或「風流草」。民間說它跳得迷人魂魄，又叫「迷魂草」。也有人見它兩片小葉永遠無限忠誠地圍繞大葉舞動，似忠臣保衛君主，便又稱之為「二將保皇」。

跳舞草枝幹上每個葉柄的頂端有一片大葉子，大葉子後面對稱長著兩片小葉。這些葉子對陽光特別敏感，一旦受到陽光照射，後面的兩片小葉就會迎著太陽一刻不停地繞著葉柄翩翩起舞，從旭日東昇一直舞到晚霞遍地，它才疲倦地順著枝幹倒垂下來開始休息。可是第二天太陽一出來，它就又開始跳舞。更有趣的是，一天中陽光愈烈的時候，它旋轉的速度也愈快，一分鐘裡能重複跳好幾次呢！

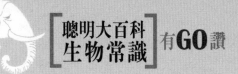
　　氣溫的高低會影響跳舞草的「舞蹈動作」。據觀察，隨著氣溫的升高，小葉的轉動速度加快。當氣溫升到30℃時，小葉轉動最為活躍。即使是陰天，它的小葉也會像蜻蜓或蝴蝶在花叢中翩翩起舞那樣擺動旋轉，妙趣橫生。

　　跳舞草為什麼會跳舞呢？這個問題目前還存在很多疑問，不過，植物學家普遍認為與太陽有關，就像向日葵總是向著太陽轉動一樣。至於究竟是什麼原因，還有待於進一步研究。

科學實驗區

【實驗一】　藍色樹葉

　　你會經常看到綠色的，甚至是紅色的樹葉，但你可曾見過藍色的樹葉？

需要的材料

　　兩片新鮮的樹葉，兩個燒杯，一個酒精燈，一百毫升酒精，一瓶碘酒，一根吸管，一把鑷子，一張錫箔紙，一個打火機，一些清水。

實驗步驟

1. 找一片新鮮完好的樹葉，用錫箔紙將它包好。
2. 三天之後摘下這片樹葉，然後拿掉錫箔紙，在葉子上做個記號。
3. 摘下另一片新鮮完好的樹葉，也在葉子上做上記號。
4. 把酒精全部倒入一個燒杯中，並用酒精燈加熱，直至煮沸。
5. 把兩片樹葉放到煮沸的酒精中，將葉子煮至失去顏色後停止加熱，並冷卻酒精。
6. 在另一個燒杯中裝入一些水，並用吸管吸取碘酒在水中滴上幾滴。
7. 用鑷子從冷卻的酒精中取出葉子，放進滴有碘酒的水中。
8. 過一段時間後，取出葉子，用清水洗去葉子上面的殘留液體。你會看到，被錫箔紙包裹的葉子沒有多大變化，而沒被包裹的葉子卻變成了藍色。

實驗大揭祕

　　沒被包裹的葉子由於進行光合作用產生了澱粉，澱粉遇到碘酒就變成了藍色。而包有錫箔紙的葉子由於見不到陽光，不能進行光合作用，產生不了澱粉，所以葉子就不會變

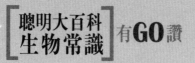
顏色。實驗中,把葉子放在酒精中煮,其目的就是要把葉子中的澱粉解析出來。

科學小常識

1864年,德國的薩克斯做了一個實驗:把綠色植物葉片放在暗處幾個小時,目的是讓葉片中的營養物質消耗掉,然後把這個葉片一半曝光,一半遮光。過一段時間後,用碘蒸汽處理發現遮光的部分沒有發生顏色的變化,曝光的那一半葉片則呈深藍色。這項實驗證明了植物的光合作用產生澱粉。

【實驗二】 導電的馬鈴薯

大家都知道,金屬性的物質能導電,水也能導電,但是如果有人告訴你馬鈴薯也會導電,你會相信嗎?我們來做下面的實驗。

需要的材料

一個新鮮的馬鈴薯,一塊銅片,一塊鋅片,一根銅絲,一個小燈泡。

實驗步驟

1. 在馬鈴薯的兩端分別插進銅片和鋅片。
2. 將銅絲分別擰在銅片和鋅片上。
3. 將銅絲和小燈泡相連,使它們形成一個閉合的電路,你會發現小燈泡居然亮了。

實驗大揭祕

馬鈴薯裡面有豐富的汁液，這些汁液呈酸性，金屬銅和鋅受到酸的作用，鋅片會失去電子，銅片會得到電子，這樣銅片就帶了正電荷，鋅片帶了負電荷。當電子由銅片流向鋅片時，電路上就產生了電流，所以燈泡就亮了。

科學小常識

生物電現象是指生物在進行生理活動時所顯示出的電現象，這種現象是普遍存在的。為什麼人的手指觸及含羞草時，它便「彎腰低頭」害羞起來？這就是生物電的功勞。

當含羞草的葉片受到刺激後，它會立即產生電流，電流沿著葉柄以每秒14毫米的速度傳到葉片底座上的小球狀器官，引起球狀器官的運動，而它的活動又帶動葉片的活動，使得葉片閉合。不久，電流消失，葉片又恢復原狀。

【實驗三】 豆子的力量

一些乾黃豆，看起來沒什麼力氣，但它們居然能夠把玻璃瓶撐破，你相信嗎？

需要的材料

一些乾黃豆，一個有塞子的薄壁玻璃瓶，一些清水。

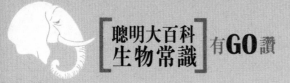
實驗步驟

1. 把黃豆裝入玻璃瓶中，不要裝得太滿，大約占全瓶容積的3/4。
2. 往玻璃瓶中加滿清水，並塞緊瓶塞。
2. 等到玻璃瓶中的水被吸乾了，拔出塞子繼續加滿水，再把塞子塞緊。
4. 如此反覆幾次，幾天之後，玻璃瓶便會突然破裂，豆子滾落一地。

實驗大揭祕

玻璃瓶為什麼會破裂呢？原來，豆子吸水之後體積會膨脹起來，產生很大的壓力，這種壓力足以使玻璃瓶破裂。

科學小常識

植物組織中的纖維素、果膠物質、澱粉和蛋白質等，具有很強的親水性，在未被水飽和時，就潛伏著很強的吸水能力。最明顯的例子是風乾種子，因為其內貯存著大量蛋白質或澱粉。蛋白質與水結合的趨勢大於澱粉，因此，豆類種子吸脹作用極為明顯。

吸脹物體由於吸附水分子而膨脹，其壓力是很大的，如將乾種子塞滿岩石裂縫，借其吸水產生的吸脹壓力能使岩石破裂。

靜聽花開的聲音——
美麗的花朵們

樹蔭下的花兒開得早

麗麗的家門前有條小河，在小河的南岸是一片小樹林，那裡就是麗麗和小夥伴們的樂園。幾場春雨過後，樹下面的草地上開出了各式各樣的小花，遠遠看去就像點綴在草地上的小星星，煞是可愛。

有一天下午放學後，麗麗和小夥伴們又來到小樹林玩耍，不知是誰無意中問道：「為什麼花兒都開了，樹的葉子卻還沒有長出來呢？」小夥伴們抬頭看了看，光禿禿的樹幹上只有一些黃色的芽。小夥伴們看了一會兒後又低頭嬉戲去了，不久就把這件事拋在腦後了。

傍晚，小夥伴們都回家了。吃飯的時候，麗麗突然想起了這個問題，於是就去問當老師的媽媽。媽媽聽後笑了，她告訴麗麗，花兒之所以這麼早開花，就是要吸引昆蟲來給它們傳粉。如果樹木冒出新芽，長滿枝葉後就會遮蔽大部分光線，這樣無論花朵再怎麼爭奇鬥艷都無法吸引昆蟲來傳粉。

媽媽還告訴麗麗，生長在沙漠地區的植物，由於白天乾

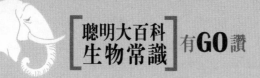
熱，精緻脆弱的花兒就容易被灼傷，而且負責傳粉的昆蟲也很少在烈日下活動。所以這些花兒就選擇在夜裡開花，花兒大多是白色的，並且帶有很濃烈的香味。在生物密度不是很大的沙漠中，很多昆蟲會因此聚集過來，為花兒傳粉。

第二天一大早，麗麗就把這些告訴了夥伴們，大家才恍然大悟。

花兒為何要招蜂引蝶

在明媚的陽光下，萬紫千紅的花叢中，我們常常會看到許多蝴蝶在翩翩起舞，小蜜蜂和許多小甲蟲也會在花叢中忙忙碌碌。

原來，這是花兒在請昆蟲們幫忙傳播花粉呢。為了吸引昆蟲，「花兒想出了很多方法。」

有的花是鮮艷的顏色。當花瓣在微風裡搖擺時，就吸引

了昆蟲們的注意。而昆蟲對顏色的愛好是不一樣的，蝴蝶偏愛紅色和橙色的花兒；小蜜蜂則喜歡黃色、藍色和白色的花兒。

有的花兒有著濃烈的香味，就像一道菜肴的美味一樣，也能召喚很多昆蟲。特別是一些夜晚開花的植物，因為在黑暗中，顏色很難辨認，所以它們透過花香來吸引昆蟲，讓昆蟲為它們傳粉。

還有的花兒能產生花蜜，花蜜中富含葡萄糖和其他營養物質，昆蟲們喜歡吸食花蜜來補充營養，特別是蜜蜂，牠們能採集花蜜，釀造成甜美的蜂蜜，供給蜂王和剛出生的蜂寶寶們吃。而牠們在採集花蜜的時候，不知不覺也為花兒充當了「紅娘」。

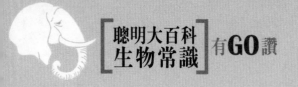

竹子開花是怎麼回事

1984年夏季，中國四川臥龍自然保護區內的箭竹大量開花，隨後大片竹林枯死，造成珍稀動物大熊貓因缺食而死亡。

為什麼竹子開花之後會成片枯死呢？在這個問題上，科學家們一直有異議。有的科學家認為，植物生長到一定的年齡，必然會出現衰老，為繁衍後代，在生命結束之前會開花、結果。竹子在衰老時開花，正是為了結子，以繁殖後代。

因此，竹子開花就像其他的果樹開花一樣，是很自然的事情。所不同的是：一般的植物開花時，正是它們生命力最旺盛的時候；而大多數種類的竹子，不像一般有花植物那樣每年開花結實，它們在正常的情況下是不開花的，一旦開花，便表示它的生命力已近枯竭。

竹子的花有點像稻麥的花，屬於風媒花。開花後，結出像稻米一樣的果實，人們稱之為「竹米」。竹米是竹的種子，它能發芽、繁殖。竹米裡含有許多澱粉，可作糧食，營

養價值和稻米差不多。有些人把竹米說成是「仙米」，吃了後能「延年益壽」，是沒有科學道理的。根據竹子的種類和生長狀況，竹子的開花週期也有不同。有的竹子一年開一次花，有的十幾年、幾十年才開花，有的甚至上百年才開花。

竹子開花後，如果及時施肥、澆水、修剪、除蟲，還是可以挽回生命的。因為竹子一般的壽命達五六十年，及時補救後，仍能使竹子的壽命得以維持，並且第二年不再開花。

生石花的隱身術

如果有一天清晨，你打開房門的時候發現面前擺著一個裝滿石頭的花盤，你可千萬不要把它給扔掉哦。它不是石頭，而是一種植物在與你玩「隱身術」呢。怎麼樣，有趣吧？

它的名字就叫「生石花」。在非洲南部乾旱季節，你在

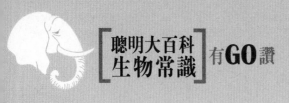

荒漠上會看到一個「碎石」組成的世界。滿地的「小石塊」半埋在土裡，有的呈灰色，有的灰棕色，有的棕黃色；頂部或平坦，或圓滑，有的上面還鑲嵌著一些深色的花紋。這些「小石塊」有的如雨花石，有的如花崗岩碎塊，很美麗。有的旅遊者想拾幾塊美石留作紀念，等到拔起來一看，才驚喜萬分地發現，這並非石塊，而是著名的擬態植物生石花。

原來，生石花的隱身術屬於一種擬態保護，這樣就能騙過一些小動物的眼睛，生存便多了一層保障。這跟在野外訓練的軍人身上穿迷彩服是一樣的道理。

生石花並非四季都如石塊。在每年的6月到12月，南半球的冬春季節裡，生石花會從醜小鴨變成白天鵝，美麗的花朵從石縫中鑽出來，一片片艷麗的生石花覆蓋了整個荒漠，這是它們生石花家族最自豪的時刻。

梅花能結果嗎

中國的三國時期，曹操在某一年的夏天率領部隊去打仗，天氣熱得出奇，驕陽似火，士兵們的水早就喝光了，附近又沒有找到水源，很多人都因缺水中暑而暈倒在地。

眼看部隊的前進速度越來越慢，曹操心裡很著急。突然，曹操看到遠處有一片樹林，計上心來。曹操快速趕到隊伍前面，用馬鞭指著前方說：「前面有一大片梅林，梅子又酸又甜，我們快點趕路，很快就能到梅林了！」士兵們一聽，嘴裡流出口水，精神大振，步伐不由得加快了許多。這就是「望梅止渴」的典故來由了。

曹操所說的這種「梅子」，是什麼樹結的果實呢？

原來，「梅子」是「梅花」結的果實。梅花是人們常看見的，但是梅花會結果卻不是人人都知道的，甚至還會有人說他從來都沒有聽說過。其實，梅花也和其他花一樣，都是植物的生殖器官，同樣會結果，有的人種梅樹主要就是為了

獲得它的果實呢！梅的品種很多，梅的果實的品種當然也就很多了，例如青梅、紅梅、鴛鴦梅、水仙梅等。

梅子有濃烈的酸味，給人們留下了深刻難忘的印象，因此，常常一看到梅子，人們便會「條件反射」——直流口水。有時，甚至在黑板上寫上「青梅」兩個字，人們也會直流口水。

梅子之所以酸，是由於含有較多的檸檬酸等果酸的緣故。梅子可以製成果子醬，也可以製成梅乾或者進行蜜漬。此外，梅的葉、根、核仁、乾花皆可入藥。

也許有人要問梅花既要結果，就要找幫手給它傳粉，那麼隆冬臘月，昆蟲稀少，臘梅要怎樣授粉呢？原來，梅花有自己的「絕技」。梅花的花香非常濃烈，就是專門用來引誘那些「稀客」——長翅膀的媒人來登門拜訪的；一旦「客人」來做過一番「旅行」，它就「大功告成」了。

花粉「閃電噴射」快過火箭

蘭蘭和冬冬的家很近，而且他們兩個在同一個班讀書，因此就成了非常好的朋友。但是有時好朋友也會為了一點事情而爭吵，這不，他們又吵得不可開交了。這次又是為了什麼呢？

原來，他們在爭吵的是火箭與御膳橘誰才是冠軍的問題。對此，兩個小夥伴意見不合：冬冬說御膳橘是冠軍，而蘭蘭卻偏偏說火箭才是冠軍。最後，他們找到了學校的植物老師王老師來評理。聽完他們的述說後，王老師告訴他們冬冬是對的。御膳橘噴射花粉的速度比火箭發射速度還要快幾百倍呢！

王老師接著告訴蘭蘭和冬冬，這種御膳橘生長在加拿大，是山茱萸的一種，最高的只有20公分。對於如此「矮小」的身材，傳播花粉成了它的一大難題。為了解決這一難題，御膳橘巧妙地運用了瞬間爆發力，就和我們利用彈弓彈射石子是同一個道理，只不過它噴射出去的是花粉而已。這

個噴射花粉的全過程竟然比火箭發射速度還快幾百倍。

　　科學家們用高速攝像機捕捉了御膳橘彈射花粉的瞬間，發現它噴射花粉的全過程僅有0.5毫秒！而在最初的0.3毫秒中，御膳橘的雄蕊能加速到2400公克的重力加速度，相當於太空人在起飛時承受重力的800倍！這樣的爆發力能將花粉噴射到2.5公分範圍的空氣中，再借助風吹送至1米開外的地方，進而大大提高了花粉繁殖的機率。毫無疑問，御膳橘花粉的「閃電噴射」是已知植物界中的最快速度。

奇臭無比的霸王花

　　有一種花，生命的起點是一個小黑點，生命的終點卻是腐爛的花瓣。這聽起來像詩歌一樣的生命，如此輝煌，卻也夾雜著灰暗與無奈。這就是世界上最大的花之一——霸王花。

霸王花因碩大無朋的花朵而得名，所以又叫「大王花」，主要生長在印尼的蘇門答臘森林，那裡是一片被保護得很好的野生生態系統，霸王花和許多世界聞名的珍貴野生動物植物一起自由地生長在這裡。

可是，這片森林並沒有因為奇花異草而變得香氣四溢，相反，走近森林，你會聞到一股避之唯恐不及的惡臭。如果你因此而逃離，將錯過終生難見的奇觀。假如你鼓足勇氣，迎著惡臭走進去，就可以看到一朵鮮艷而巨大的花朵，它就是威名遠揚的霸王花。

霸王花的花朵是世界上單朵最大的花，外面有淺紅色的斑點，直徑1.5米，每朵花上開五個花瓣。每片花瓣長40公分左右，而且花瓣又厚又大，一朵花就重達9公斤左右。而它的花心像個臉盆那樣大，可以盛水5升。而且看上去像一個大洞，可以容納一個3歲左右的小孩鑽進去捉迷藏。可是，估計世界上，沒有一個小孩願意躲到這麼臭的地方玩。

霸王花是一種寄生植物，適合生長在海拔高度400米至1300米的森林丘陵地上，像個小黑點寄生在野生藤蔓上，不仔細看的話，幾乎沒辦法發現它的存在。

經過18個月的漫長孕育，黑色的小點就逐漸變成深褐色的花苞。但由於花朵太過龐大，花苞要吸收9個月的營養，才開始開花。單是開花的過程都要耗費幾個小時，再加上花

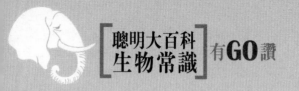

　　朵綻放所需要的時間太長，花朵的重量又太大，所以好多霸王花還沒來得及開花就夭折了。

　　雖然霸王花開花很費時，但並不等於它的壽命就一定比其他花朵要長，相反，在短短的3～7天之後，霸王花的花瓣就開始慢慢凋謝，變黑後漸漸腐爛。

　　迄今為止，科學家們還無法解釋它是怎樣依靠野生藤蔓生存的，更不知道它的種子是如何發芽並生長的。唯一能夠確定的只是它的底部有許多絲狀的纖維物，可以散佈在藤蔓上吸取生長的養分。

　　霸王花沒有葉、根和莖，也沒有特定的開花季節，這些與眾不同的特性，讓許多對於它的研究都處在猜測之中。

　　但有一點是可以確定的，霸王花不是一開始就那麼臭。在它還是幼苗和花蕾時，它基本上是沒有什麼氣味的。甚至在剛開花的時候，還有一點兒香味。可是很快，它就變得臭不可聞了。至於為什麼一下子就變得奇臭無比？這始終是個謎。有人說霸王花的臭味是一種糞便和腐肉味的混合，像動物屍體腐爛時的味道，所以它又被惡稱為「屍花」。

　　霸王花也有雌雄之分，需要有兩朵不同性別的花朵同時開放，才能傳粉並孕育種子。雖然霸王花的臭味使得連蜜蜂也不願意為它傳粉，但那些喜歡逐臭的蒼蠅和甲蟲卻樂意為其效勞，恐怕這就是大自然最偉大的安排吧。

　　霸王花品種最豐富的時候多達17種，可如今許多都已絕種。因為種植和移栽都比較困難，而且它對環境的要求也比較高，所以世界各地的植物園裡，霸王花都是難得一見的珍惜物種。

　　霸王花還有一個名稱叫做「萊福士花」，是根據它的發現者萊福士命名的。1804年，英國萊福士被派到馬來西亞檳榔嶼，他對植物和動物極有興趣，所以經常研究當地的動植物。後來他做了蘇門答臘的總督。在任職期間，熱衷於收集當地動植物的標本，發現了很多新物種，並為之一一命名。

　　為了紀念萊福士，英國人在威爾斯親王花園的溫室裡，種植了一株霸王花。經過6年的艱苦培育和種植，這株花終於綻放開來。而它的惡臭，給這片植物園帶來了絡繹不絕的參觀者。

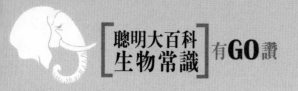
向日葵是個超級收集器

向日葵又名「太陽花」，它總是從早到晚圍著太陽轉。向日葵還是自然界鼎鼎大名的「超級收集器」，它是吸收放射性物質的大功臣。

向日葵的眾多根系在土壤中可吸收和清除有害的放射性物質銫和鍶，被稱為抗核垃圾的神奇植物。1986年4月，烏克蘭的諾貝爾核電廠發生爆炸，輻射外洩後，人們在附近種植向日葵，用以清除地下水中的核輻射，有9.5%的放射性鍶都被向日葵吸收了。所以，對於「超級收集器」的名聲，向日葵可是受之無愧啊！

自然界中，除了向日葵之外，還有許許多多的植物在為人類無私地奉獻著。它們不僅可以吸收人們呼出的二氧化碳，釋放出人們需要的氧氣，而且還可以吸收自然界中對人體有害的物質。幾百萬年來，無論風吹雨打，它們始終堅守在自己的崗位上。

【實驗一】　**自製「藍色妖姬」**

　　藍色妖姬妖嬈美麗，價格不菲，其實用一個方法，你也可以輕易製做出屬於自己的「藍色妖姬」。

　需要的材料

　　一朵新鮮的白色玫瑰，一瓶藍色墨水。

　實驗步驟

1. 將白色的玫瑰插進裝滿藍色墨水的瓶子裡。

2. 將它們放在桌子上靜置。

3. 仔細觀察這朵白玫瑰，兩三天後，你就會發現這朵玫瑰逐漸改變了它本來的顏色，變成一朵可愛的「藍色妖姬」了。

　實驗大揭秘

　　各種植物都是透過其根和葉莖內極細的毛細血管來吸收水分，然後輸送到其他器官的。當白色的玫瑰被放入藍色的墨水中，墨水就會將玫瑰莖部的毛細血管所吸收，然後輸送到花的每個部位，此時就是我們看到的「藍色妖姬」了。

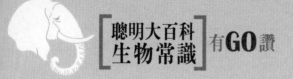

科學小常識

　　如果墨水比較多，且浸泡的時間比較長，玫瑰花的花和莖都會是藍色的，可謂是一藍到底了。此時用小刀小心地切斷玫瑰的花莖，你將會看到藍色的液體從花莖中流出，似乎這朵花兒在「滴血」！

【實驗二】 提取花香

　　香水並不是只有在商店中買到，動動手我們也能輕易提取到來自天然的花香！

需要的材料

　　幾片香而新鮮的花瓣，一個玻璃杯，一些清水，一瓶酒精，一些保鮮膜

實驗步驟

1. 將玻璃杯裝上大半杯水。
2. 把花瓣放進杯中。
3. 在杯中滴幾滴酒精。
4. 用保鮮膜將玻璃杯口封閉起來。
5. 將玻璃杯拿到有陽光照射的地方靜置。
6. 7天之後，打開水杯，取出杯中的一點水，塗抹在手臂上，你會聞到好聞的花香。

實驗大揭祕

花的香味之所以能夠被提取出來，是因為花瓣中有一種油細胞，這種細胞能分泌出芳香油，而這種油就是導致我們最終聞到好聞的花香的來源。

當我們在有花瓣的水中加入酒精的時候，酒精就將花瓣的芳香油萃取出來。所以，當我們將這種帶有花香的液體塗抹在手上的時候，本身具有揮發性質的酒精就將花的香味散發出來。

科學小常識

並非所有的香花都有油細胞的。它們只含有一種名叫「配糖體」的物質。配糖體不是芳香油。可是配糖體在分解的過程中，也能散發幽幽香味。

花兒分泌芳香油和分解配糖體的能力是不同的，這就是有的花香濃烈、有的花香清淡的原因。一般來說，白花和淡黃花的香氣最濃，其次是紫花、黃花，淺藍花的香味最淡。

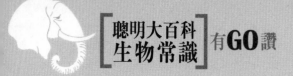
【實驗三】 會變色的花兒

　　每一朵花都有屬於自己的顏色，你見過一朵花會開不同的顏色嗎？

需要的材料

　　粉紅色康乃馨若干朵，紅色喇叭花一朵，醋水，鹽水，糖水，清水，肥皂水。

實驗步驟

1. 把4朵粉紅色的康乃馨分別插在醋水、鹽水、糖水和清水中。過一會兒，你會發現，插在醋水中的花明顯變紅了。

   大約兩個小時後，插在醋水中的花朵變成了深紅色，而其餘三枝水中的花朵的顏色基本上沒有變化。

2. 配製幾種不同濃度的醋水，分別插入一朵粉紅色的康乃馨，結果醋水的濃度越高，花的顏色也越深，插在最濃的醋水中的康乃馨已經變成了一朵大紅花。

3. 再將一朵紅色的喇叭花插在肥皂水中，不一會兒，喇叭花的顏色變成了藍色。

   把這個藍色的喇叭花再放到一杯醋水中，不多會兒，它竟然奇蹟般地變回到紅色。

實驗大揭祕

在花的花瓣中，有一種叫「花青素」的色素，當它遇到酸性物質時會變成紅色，這就是花兒遇到醋水為什麼會變成紅色的原因。

花青素遇到鹼性物質時會變成藍色，所以喇叭花在鹼性的肥皂水中會變成藍色。

科學小常識

植物生產花青素可用來對抗紫外線的傷害，這是為什麼植物要在它表皮組織合成花青素的主要原因。

例如，某些水草的葉色，在含有紫外線的照明燈照射下，可以由綠轉紅，主要原因是花青素大量合成，以及葉綠素的部分分解。

不移動也能改變世界——
我們的生活需要植物

植物也能預測地震

日本科學家研究發現，含羞草等植物可用來預測預
報地震。正常情況下，白天含羞草的葉片是張開
的，到了夜晚葉片就閉合了。

如果含羞草出現了白天葉片閉合而夜間張開的情況，便
是發生地震的先兆。例如，1938年1月11日上午7時，含羞草
葉開始張開，但是到了10時，葉片全部閉合，果然在當月13
日發生了強烈地震。

1976年日本地震預報俱樂部的會員，曾幾次觀察到含羞
草的小葉片出現反常的閉合現象結果隨後都有地震發生。由
於植物具有預測報地震的奇特本領，所以人稱讚它為地震的
「監測器」。

20世紀70年代，中國曾發生過多次地震，科學工作調查
了地震前植物出現的異常現象：1970年中國寧夏西吉發生5.1
級地震，震前一個月，距震中60公里的隆德縣在初冬蒲公英
就提前開了花；1972年中國長江口地區發生4.2級地震，震

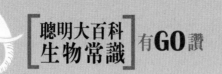
前附近地方的山芋藤突然開花;1976年7月中國唐山發生大地震,震前那裡出現竹子開花,柳樹枝條枯死,一些果樹結果後又再度開花等不正常現象……

那麼,在地震前夕,植物為什麼能感到地震即將來臨呢?科學家認為,地震在孕育的過程中,由於地球深處的巨大壓力,便在石英石中造成電壓,於是就產生了電流,植物根系受到地層中電流的刺激,便在體內出現相應的電位變化。例如,日本科學家用高靈敏度的記錄儀對合歡的生物電位進行長期測定,並認真分析了記錄下來的電位變化,發現這種植物能感知震前的電流刺激,出現顯著的電位變化和較強的電流。比如,1978年6月10日和11日,連續兩天測得合歡出現異常強大的電流,果然當地在11日下午發生了7.4級的地震,餘震持續10多天,合歡的電流也隨之慢慢變小。

不僅能夠預測地震,植物還能將地震情況記錄下來。美國科學家哥爾頓‧傑可比發現,樹木的年輪具有記錄地震的作用。這位植物學家在阿拉斯加州的某地發現松樹的年輪長得很不規則,相互擠在一起,於是他查閱有關資料,果然在1899年這裡曾發生過大地震,並且震後地面有些上升。

對此,傑可比給出了這樣的解釋,由於發生地震後,樹木的生長環境發生了很大變化,進而影響了樹木的生長。比如,地面上升或下降,能改變地下水對樹木的供應;地面的

裂口會損壞樹根，進而影響樹木對水分和養料的吸收。這些環境變化，都會在樹木的年輪上留下痕跡。因此，經歷過地下斷層活動期的樹木，在它的年輪上都會記錄下當時地震的有關情況，為人類研究地震、預測地震，提供了有益的資料和資料。

當然，人們對植物能預測地震的研究還剛剛開始，科學家預言，隨著研究工作的逐步深入，再結合其他手段，利用植物這個天然的地震「監測器」，肯定會對地震預報有著積極意義。

冬蟲夏草是蟲還是草

冬蟲夏草是蟲與菌的結合體，是一種真菌類植物寄生在一類鱗翅目昆蟲幼蟲身上形成的。

這類昆蟲主要是一種叫做冬蟲夏蛾的幼蟲。而這種真菌

跟青黴菌相類似，夏秋季節，當它的後代子囊孢子成熟散落後萌發成菌絲體，這種菌絲體在地下到處尋找冬蟲夏蛾的幼蟲，遇到棲息在土中的冬蟲夏蛾的幼蟲，便侵入幼蟲體內，不斷發展蔓延，逐步吸收蟲體的養料為己有。

從冬季到夏季漫長的日子裡，真菌菌絲體慢慢地把幼蟲內部蠶食耗盡，直到最後，被真菌致死的幼蟲剩下一層外表皮，蟲體變成僵殼，殼內包裹著的是嚴嚴實實的、含有大量養料的菌絲體，並已形成菌核。

到了夏天，天氣變得暖和起來，菌絲體在蟲體內蠢蠢欲動，終於從蟲的嘴巴那頭伸出一根像棒一樣的東西，破土而出。這就變成了今天我們看到的「冬蟲夏草」了。

所以，冬蟲夏草其實是一種蘑菇，一種從蟲體上吸取養分而長成的非常特殊的蘑菇。冬蟲夏草不但長在幼蟲或者蛹上，也可以長在成蟲的身上。只要蘑菇的孢子進入成蟲體內，就會慢慢地長出蘑菇來，神奇吧？

病菌造就的美味

原來茭白是病菌造就的一種美味。

在中國唐代以前，屬禾本科多年生水生草本作物的茭白原本是一種糧食作物，稱為「菰」，它的種子叫菰米或雕胡，是六穀之一，誰也沒想到要將它當作蔬菜栽培。

後來，也不知是哪位「神農」，發現有些茭白因感染一種後來稱之為黑穗菌的病菌而不能抽穗結子，但植株本身並無病象，莖部則不斷膨脹起來，逐漸形成紡錘形的肉質莖。有人將這種肉質莖採下來，當蔬菜烹調，清脆化渣，味道不錯！

於是，人們就設法繁殖這種病態的肉質莖。雖然這種肉質莖不能開花抽穗結籽了，但是植物可以無性繁殖，所以不用種子，用植株克隆即可。他們將採收茭白後留下的老墩上的黃葉齊水面割去，讓其萌發新株，然後挖出老墩，將其劈成幾個小墩栽培。

漸漸地，人們拋棄了種植糧食作物菰，進而改種蔬菜作

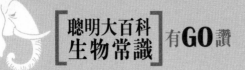

物茭白了。人們不僅克隆茭白，而且不忘克隆造就了茭白的病菌。如果一時疏忽，病菌在栽培的小墩上消失，茭白正常地抽穗、開花、結實了，菜農一定會認為這是異常現象，是種的退化，趕緊拔除這野生種。其實，這才是「正常化」呢。

香蕉為什麼沒有籽

小岩最喜歡吃香蕉了，隔幾天他就讓爸爸媽媽給他買些香蕉吃。這天正當小岩在吃香蕉時，媽媽就問小岩知不知道香蕉是怎麼繁殖的。

小岩想了想對媽媽說，香蕉又沒有種子，那應該怎麼繁殖。媽媽笑著告訴小岩，其實，香蕉並不是天生無籽的。它的「老祖宗」——野香蕉也是有籽的，它的籽又圓又黃又硬，直徑約有0.7公分，跟棉花籽很相似。至今在一些野生香蕉裡，偶爾也可發現這樣的種子。有種子的香蕉味道並不

好，澀口。經過人們長期的選擇培育，逐漸改變了它的性能，獲得了今天這種又香又甜的無籽香蕉。現在，人們利用香蕉的地下球莖幹和由地下球莖發出的吸芽來繁殖香蕉的下一代。所以我們現在吃的香蕉就看不到籽了。

「祕魯的金蘋果」

番茄是人們熟悉的蔬菜，人們又習慣叫它番茄。它既可當水果，又可做菜肴，是餐桌上的「常客」。可是，你知道嗎？番茄在剛開始的時候只是供人觀賞用的，因為沒有人敢吃它。

番茄的故鄉在祕魯和墨西哥，最初是生長在森林裡的野生漿果，由於它的莖和葉上長滿了茸毛，並且分泌出有怪味的汁液，當時被當成毒果，給它取了個名字叫「狼桃」，沒人敢嘗一口。希臘人乾脆稱它「狐狸果子」。

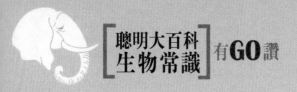

　　就這樣，番茄蒙受「不白之冤」，遭受「冷遇」達300年之久。後來它被引種到歐洲，也只當作美洲的一種奇花異果作庭園觀賞植物罷了。

　　英國有一位公爵從南美帶回紅艷喜人的番茄送給情人伊莉莎白女王，表示對愛情的忠貞。因此，歐洲人又把它稱為「愛情的蘋果」。爾後逐漸形成了一種風氣，男女青年在戀愛期間都要把番茄當作象徵愛情的果子贈給意中人。

　　在義大利，人們欣賞番茄又紅又大的果實，並稱之為「祕魯的金蘋果」。直到18世紀末葉，番茄才終於遇到了它的「知己」，這位「知己」是法國的一名畫家，有一天，他突發奇想：這樣紅艷好看、逗人喜愛的果子，理應是好吃的。於是他安排好後事，壯著膽子，「冒著生命危險」吃了一個，靜等「死神降臨」，誰知結果卻平安無事。從此，「毒果」變成了美味佳果，番茄的食用價值逐漸被人們所認識，並以它紅艷美麗的外形、酸甜爽口的味道、響亮動聽的名字一時名聲大噪，身價倍增，就連閉關自守的清末時期的中國也引進栽培了番茄。曾一度被視為「毒果」的番茄，就這樣嶄露頭角，蜚聲寰宇。

韭菜為何又叫懶人菜

古時候，有一戶人家一天來了幾位客人。主人在陪客人閒聊時，其中有一位客人在向主人談起韭菜可以割了又割的特點。主人留客吃飯，到廚房裡找妻子做菜，可是，妻子卻不知到哪裡去了。後來，這位男主人在自家後園裡找到了妻子。原來，她一聽到客人講的那番話，便急忙到後園把白菜拔掉，準備種韭菜了！

韭菜，俗稱「懶人菜」。這個稱號是怎麼來的？原來是因為韭菜具有耐肥、耐旱、耐害以及不擇風土的特性，一般不用噴藥防蟲，不用天天澆水，不用經常除草，只要每割一次施一次肥就行了，既省工又省力，故此得名。

韭菜在北方都是春播或夏播。春播在四、五月下種，到七、八月便可定植；夏播在七月下種，到第二年四月定植。南方則大都是秋播，即十月下種，到第二年四月定植。只要管理得好，不論是北方還是南方，從春天到秋天，都可以吃到韭菜。但是，你一定要記住：最好吃的韭菜，是每年春天

韭菜發芽時長出的嫩葉，這被人稱為「春韭」。唐朝詩人杜甫，便有「夜雨剪春韭」的詩句。

不過，春韭終究時間短，不可多得。於是人們又想出這樣的辦法：給韭菜培土，由於下端的韭葉被埋在土中，見不著陽光，便變成白而軟，而上端仍是綠色的。這下端的味道，就同春韭。後來，人們乾脆用缽子把韭菜蓋起來，得到黃白色、柔軟的韭菜，勝似春韭，稱作「韭黃」。不過，在韭黃割後，不可連續再用缽子蓋起來，只能一次韭黃一次韭青相間，這樣才能使韭菜割後再長。

現在由於科技的進步，人們有時候會給韭菜噴灑了植物生長刺激劑，大大加速了韭菜的生長，產量大大提高了。

留蘭香是什麼莊稼

有一次小華隨爸爸到江蘇的南通去玩，他在田野上看到一種陌生的莊稼：這種莊稼長著方形的莖、橢圓形的葉子，頂上是穗狀的花，有白色的，也有紫色的。

而且這種莊稼不齊，高的有一米多高，矮的才半米左右。

小華從來沒見過這樣的莊稼。陪他們一起玩的姑姑摘下一片葉子讓小華聞，小華突然感到一股清涼芳香撲鼻而來。這香味，小華似乎很熟悉。終於他記起來了，每天刷牙，那留蘭香牙膏不就是這種香味嗎？

姑姑笑著說小華的鼻子不錯，然後告訴小華，他們面前的莊稼就叫「留蘭香」。本來，小華一直以為留蘭香是牙膏的商標，誰知道竟是一種香料的名字。留蘭香牙膏，主要就是用留蘭香作香料的。

姑姑還告訴小華，留蘭香是多年生草本植物，留蘭香的莖、葉、花都含有留蘭香油，一般在留蘭香開花時，含油率最高，在快要結實時香味最好。它割了長，長了割，每年可以割好幾次。收割後，蒸餾留蘭香的莖、葉、花提取留蘭香油。留蘭香油是無色或淡黃色的油，有股薄荷香味，常用來作牙膏、牙粉、糖果、糕點、化妝品的香料。更可貴的是，它是天然香料，沒有毒性，因此就不會對人體造成傷害。

姑姑還告訴小華，留蘭香的家鄉在歐洲，1950年開始，引入中國。如今，南通是中國留蘭香的主要產地，河北、浙江等省也大量種植留蘭香。

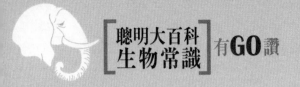

洋蔥寶寶的衣服

親愛的讀者，你喜歡吃蔬菜沙拉，還有披薩、漢堡、牛排嗎？是不是經常會去享受一番這樣的美味呢？哈哈，讓我猜對了吧？那你一定記得裡面的小洋蔥片吧，它可以使這些美味的誘惑力變得更大。洋蔥還可以用於烤、炸、熏、蒸或生吃。除此之外，洋蔥對我們的身體是有益無害的，因為它含有鈣、鐵、蛋白質和維生素。不過，你不覺得洋蔥的模樣實在是有些奇怪嗎？總是「穿」著一層又一層的「衣服」。

很多人都以為我們吃的洋蔥頭是洋蔥的根，其實，洋蔥並不是塊根植物，而是一種鱗莖植物。它有500多個親屬，與石蒜和百合科屬有著密切的關係，那些緊裹的「衣裳」是它的莖與葉基。洋蔥頭在生長的過程中，莖變得非常短，呈扁圓盤狀，外面包有多片變化了的葉，這種變態的莖在植物學中稱為鱗莖。因為鱗莖的緣故，所以形成了洋蔥的一層層套疊的肉質鱗片，把扁平狀高度壓縮的莖緊緊地圍起來，外

側有幾片薄膜乾枯的鱗片，是地上葉的葉基。地上葉枯死後，葉片基部乾枯呈膜質，包在整個鱗莖的外面。所以，洋蔥寶寶有層層疊疊的衣服。

可愛的人參「娃娃」

很久很久以前，長白山的森林中生長著許多人參，這些人參是長白山下老百姓的驕傲。其中，有一株多年人參已經長成人形，變為一個身著紅兜肚的小娃娃。參娃娃常常和人間的小孩子玩耍，幫助人們做了好多的事。但是山下有一個貪心的壞蛋設計用線拴住了參娃娃，後來善良的人間孩子巧妙地救出了參娃娃。參娃娃報答了那個小孩子，並且懲罰了那個壞蛋。

人參是五加皮科多年生草本植物，地下有紡錘形的主根及鬚根，形似嬰兒，被稱為「人參娃娃」。人參為何在地下長成人形呢？

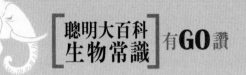
在長白山茂密的森林中，人參的根在石塊兒多的硬土地上頑強地向下生長。當人參的主根向下生長遇到阻力時，生長就很困難，被迫分叉，向下長出兩條腿來。人參的頭則是主根的上端與莖相連部分在特殊的生長條件下形成的。

人參的莖葉每年秋末枯萎，第二年春天再在根的上部發出新芽，長出新枝，這樣，就在人參根的上部留下一道類似年輪的凹痕，凹痕上有一個眉眼和嘴巴形的凹。年復一年，每年留下一個凹痕，便形成了人參根像人頭的突起的「蘆頭」。有頭有腿，人參娃娃便有模有樣了。人們還根據「蘆頭」凹痕的多少，來確定人參的年齡。

地瓜是如何傳入中國的

16世紀末，一位祖籍福建的華僑來到了菲律賓。經過多年奮鬥，他終於做出了一番事業。後來日子久了，這位華僑就很想回家鄉看看。可是，回家鄉總得帶些禮物吧，帶什麼好呢？他苦思冥想著。忽然眼前一亮，對了，就

帶地瓜！

　　然而，當時的菲律賓為了阻止人帶地瓜出境，規定私帶地瓜出境是一種犯法行為。原來，原產於南美洲的地瓜，由於產量大，味道好，營養豐富，生吃熟食皆宜，很受人們歡迎。在當時，菲律賓處於西班牙人的殖民統治之下，西班牙人為了不使地瓜外流，禁止任何人以任何形式攜帶地瓜。

　　這可把這位華僑愁壞了，他想啊想，終於想出了一個絕妙的方法：他將地瓜切成薯條，然後將薯條密密地纏在船纜上，再把纜繩外面塗上一層泥巴。他用這種方法巧妙地避開檢查，將薯條帶回了中國。從此，地瓜便在神州大地生根發芽，繁衍後代，迅速地流傳開來。

　　後來有人把地瓜稱作地下「糧倉」。原來，地瓜的繁殖能力極強，它身上任何一個部位離開母體以後都能獨立發育成新個體。就靠著這種本領，它很快地一分十，十分百，於是就可以子孫滿堂了。因此，假如種植得當，每平方米地瓜的產量可高達7.5公斤以上。

　　地瓜的塊根因含有大量的澱粉、糖類和多種維生素而備受青睞。除了可供食用以外，它還可用來釀酒，製作糖漿、酒精和味精，在工業上的用途也很廣。

　　地瓜也極易種植：只要在初夏時節用薯塊育苗，待薯塊上長出薯條後，即可將薯條剪下壓入土中繁殖。

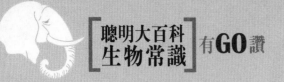

神奇的探礦兵

很多植物，具有「報礦」功能，人們稱其為「指示植物」。地質隊員有時也會借助它們提供的資訊在普查找礦中大顯身手。

「指示植物」生長在土壤深處的真菌能分解礦物，使金屬原子溶於地下水中，而植物根能把水中的金屬原子吸收，然後輸送到莖杆和花葉裡，此種金屬原子對花瓣的顏色和花草樹木高矮會產生影響。

因此，「指示植物」花瓣的顏色、花草樹木的高矮以及葉子裡含有的金屬原子，能為人們提供報礦資訊。鎳礦石會使花瓣失去色澤；銅礦石會把花瓣染成藍色；錳礦石會使花瓣變成紅色；青蒿在一般的土壤中長得相當高大，但會隨土壤中含硼量的變化而成為「矮老頭」；有的樹木害一種「巨樹症」，樹枝伸得比樹幹還長，而葉子卻小得可憐。這種畸形是由於吸收了地下埋藏的石油造成的，因此成了油田的指示植物。忍冬草叢則預示著地下有金和銀；美國地質調查局

的科學家透過對冷杉、松樹和雲杉樹葉的分析，收集到約30種不同微量金屬；另外，金銀花、水木賊、苜蓿等植物也能為人們提供報礦資訊。

芝麻爲何經常「搬家」

在動畫片中，那位聰明的阿里巴巴有句神奇的咒語——芝麻開門。每次他念叨這句咒語時，山洞沉重的大門就自動開了。哈哈，芝麻的力量大吧？雖然一粒芝麻僅有2~5毫克重，但是我們卻不能小看它啊。

首先，芝麻是重要的油料作物。芝麻含油量達48~65%，含蛋白質24%。芝麻油富有營養價值，而且味道十分可口，除直接食用外，在食品工業中，還是生產糖果、點心的重要原料，如芝麻糖、芝麻醬、芝麻餅、芝麻湯糰等。

芝麻還有一個小小的祕密，那就是它必須經常搬家，也

就是說一塊田種過芝麻後，第二年就不能再連種芝麻，要換個新地方。因為芝麻在生長時，需要吸收大量的氮、磷、鉀等肥料；同時芝麻的根系分佈不深，對土壤肥力要求十分高，種過芝麻以後，表層的土壤肥料損耗較大，如果繼續種植，很容易使再次下種的芝麻得不到足夠的肥料。這時候就要換種其他根系分佈較深的作物，才可使土壤深層的肥料得到充分的利用。另外，芝麻的病蟲害也較多，像地老虎對芝麻危害就很大，這傢伙常常當芝麻剛剛出苗時就咬斷了它的嫩莖；在芝麻成長過程中，也常常把地下部分的莖稈咬得十分厲害，致使植株倒斃，引起大規模損害。此外，還有棉鈴蟲、草原蟋蟀等也常來損傷芝麻。如果種過芝麻改種其他作物，害蟲們便不會這樣肆無忌憚了。因此，小小的芝麻為了更加茁壯地成長就要常搬家。

【實驗一】 不一樣的「吊蘭」

　　你見過洋蔥和蘿蔔製作的「吊蘭」嗎？其實你也可以自己動手做一個！

需要的材料

洋蔥頭，紅皮蘿蔔，細繩，水果刀。

實驗步驟

1. 將紅皮蘿蔔從中間切成兩半，用水果刀將頭部一段的中心挖空，形狀呈碗狀。

2. 將洋蔥頭外面的老皮扒掉，根部朝下，放在挖好的「蘿蔔碗」裡。

3. 用細繩做個圈，套在蘿蔔上，掛起來，再往裡面加點水。

4. 幾天後，這個「吊蘭」開始長出葉子來。再過一陣，繁茂的葉子就會把「蘿蔔碗」包圍起來，洋蔥的葉子是長長的圓葉，蘿蔔的葉子會向上彎曲，還開出淡淡幽香的小黃花。

實驗大揭祕

因為蘿蔔的根和洋蔥的莖都貯藏著大量的營養物質，如果有充足的水分和陽光，它們就能很好地進行光合作用，所以這個「吊蘭」就會健康成長。

科學小常識

切洋蔥時特別容易刺激眼睛，但只要在切洋蔥之前把洋

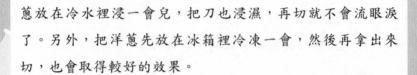

蔥放在冷水裡浸一會兒，把刀也浸濕，再切就不會流眼淚了。另外，把洋蔥先放在冰箱裡冷凍一會，然後再拿出來切，也會取得較好的效果。

【實驗二】 燃燒的核桃

香脆美味的核桃仁也許你會經常吃到，但你可曾見到過燃燒的核桃？

需要的材料

核桃，蠟燭，錘子，金屬叉子。

實驗步驟

1. 用錘子將核桃砸出裂紋，然後將它在金屬叉子的尖端固定。
2. 點燃蠟燭，將核桃放在火焰上，當核桃開始燃燒時將蠟燭吹滅。這時，核桃就持續燃燒起來。

實驗大揭祕

核桃中含有很多的油，所以它能夠燃燒。當燃燒核桃時，真正燃燒的是核桃中的油，這些油足以烤熟一個香菇。

科學小常識

核桃仁中所含維生素E，可使細胞免受自由基的氧化損害，是醫學界公認的抗衰老物質，所以核桃有「萬歲子」、

「長壽果」之稱。

【實驗三】 醋中的種子

把種子放到醋中，它會生根發芽嗎？

需要的材料

六粒大豆，兩個玻璃杯，兩塊玻璃，一些食醋，一些清水。

實驗步驟

1. 將兩個玻璃杯分別裝上食醋和水。
2. 分別往兩個玻璃杯中放入三粒黃豆。
3. 把兩個玻璃杯都靜置在陽光充足的地方。
4. 幾天後，再觀察兩個玻璃杯中的大豆。你會發現，水中的豆子已經發出了嫩芽，而醋中的豆子卻沒有一點變化。

實驗大揭祕

食醋是酸性物質，酸性物質對植物的種子萌芽具有抑制作用，所以放在食醋中的種子不會發芽。

科學小常識

大豆營養價值很高，被稱為「豆中之王」、「田中之肉」、「綠色的牛乳」等，是數百種天然食物中最受營養學

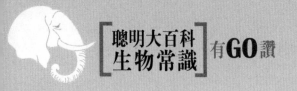

家推崇的食物。

【實驗四】 不同命運的黃瓜

黃瓜儲藏久了就會腐爛，有什麼辦法能讓它不腐爛呢？

需要的材料

兩根新鮮的黃瓜，一把水果刀，兩個盤子，一個小勺子，一些食鹽。

實驗步驟

1. 用水果刀將其中一根黃瓜距瓜柄1/3處切下。

2. 用勺子把切下的黃瓜中間的瓤挖空。

3. 在黃瓜挖空處均勻地撒上一些食鹽。

4. 把這根黃瓜放在一個盤子裡，另一根黃瓜放在另一個盤子裡，兩個盤子放在一處。

5. 三四天後，再來觀察這兩根黃瓜，你會發現，沒挖空撒食鹽的黃瓜已經腐爛了，而另一根黃瓜流出了許多鹽水，變得有些乾癟，但沒有壞掉。

實驗大揭祕

被挖空撒上食鹽的黃瓜之所以變得乾癟但又沒壞掉，是因為黃瓜細胞中的水分子能穿過細胞壁，進入被黃瓜表面的水分溶解的濃鹽水中，使鹽水濃度降低，而黃瓜由於大量失

水而變得乾癟。同時，食鹽水又會抑制微生物的生長，所以這根黃瓜不易腐爛。但沒有撒食鹽的黃瓜由於本身水分充足，導致了有害微生物的滋長，所以就容易腐爛。

科學小常識

醃漬食品離不開食鹽，食鹽能夠將食品中的水分除去，以防止食品中微生物的生長，使食品不易腐敗。這就是用食鹽醃過的食品能夠存放很久都不會壞掉的原因所在。

極小而又很偉大的生命——
顯微鏡下的微生物

醬油上爲何長白花

醬油是一種常見的調味料，在醬油的表面，常常可以看見一朵朵白色的「花」——白浮。這些白浮最初只不過是一個個白色的小圓點，但是這些小圓點一天天變大，成了有皺紋的被膜，日子久了，顏色漸漸轉為黃褐色。這一現象，叫做醬油發黴或醬油生花。

醬油的生花，主要是一種產膜性酵母菌寄生、繁殖而成的。據研究，這種酵母菌大約有七八種之多。這些酵母菌大都是杆狀的或球狀的，用孢子進行繁殖，這些孢子輕而小，在空中到處飛揚，落到醬油中便生子生孫，大量繁殖起來。

雖然產膜性酵母菌是醬油生花的禍首，但這與外界條件也有關係：首先是氣溫。產膜性酵母菌最適宜的繁殖溫度是30^0C左右。因此在夏、秋繁殖很盛，寒冬則繁殖較難。其次與衛生環境的不潔有關。醬油廠灰塵多或工具不潔，使產膜性酵母菌混進了醬油。再者，它還與醬油成分有關。醬油鹽量高，不易生花；含糖量高，則易生花。

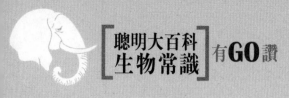

醬油生花，會使醬油變質、變味。為了防止醬油生花，人們也想出了許多辦法：例如，把醬油加熱或暴曬，進行殺菌；把醬油瓶蓋緊蓋子；在醬油上倒一滴菜油或麻油，使醬油與空氣隔絕；盛醬油的容器，事先要煮沸過。另外，切忌在醬油中摻入生水。

可以食用的美味真菌

什麼樣的微生物最美味可口？

很多人可能會反問，微生物也可以吃嗎？

不過，相信我們中的每個人都吃過蘑菇。

所以答案是肯定的。我們日常食用的美味可口的蘑菇等都屬於微生物中的真菌，它們是可食用菌，大部分屬於擔子菌——這是一種最高級的真菌。

有統計數字表明，在已知的550種左右食用菌中，擔子

菌占95%以上。可食用和有醫用價值的常見擔子菌有香菇、鳳尾菇、金針菇、草菇、竹蘇、牛肝菌、木耳、銀耳、猴頭菌、口蘑、松茸、靈芝、茯苓、馬勃等。

　　常有人把這些食用菌誤認為是植物。其實，蘑菇等食用菌與植物有本質的區別。擔子菌不含葉綠素，不能靠進行光合作用獲得能量。無論它們的細胞結構還是繁殖方式都與其他真菌類似，只是更複雜一些。它們往往形成較大的個體，稱為子實體。這些可食用的擔子菌營養豐富，味道鮮美，自古以來就被人們視為「山珍」。「中國是食用菌開發最早和最多的國家。2000多年前的《詩經》已有關於菌類的記載。當然先民的開發，主要是從自然界採摘，而人工栽培食用菌僅是近半個世紀以來的事。目前，能夠進行人工栽培的種類有40多種。

　　食用菌營養豐富，首先它含有豐富的蛋白質。這些蛋白質中所含的氨基酸的種類齊全，尤其是人體所需的氨基酸全部可以供給，例如，在蘑菇、草菇和金針菇中含有豐富的一般穀物中缺乏的賴氨酸，因此最適於用來補充人體所需的賴氨酸。另外，食用菌中所含的維生素十分豐富。例如，草菇中維生素C的含量和香菇中維生素D源的含量都非常高。」食用菌真是人類的好朋友。

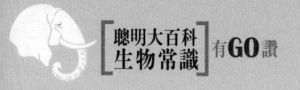

噬菌體的獨特食譜

1915年，英國微生物學家特沃特做了一個實驗：在固體培養基上培養一批細菌。在細菌生長的過程中，他一直觀察著細菌的生長變化，有一天，他意外地發現：在細菌的菌落上有些部分慢慢地形成一種透明的膠體狀。

特沃為了弄清楚這個問題，首先檢查了那些形成透明膠體的部分，發現膠體裡面的細菌不見了，接著他粘了一小部分的膠體東西放到生長正常的細菌群落上，過一段時間之後，發現與膠體接觸到的細菌也形成一種透明的膠體狀。

經過幾次的重複實驗之後，特沃特判斷：「膠體中一定存在某一種因數。」

到了1917年，法國醫官埃雷爾發表了一篇實驗報告，內容和特沃特的發現類似。他認為有一種光學顯微鏡所看不到的微生物存在著，這種微生物可以寄生在細菌體內，最後將整個細菌破壞掉。埃雷爾的實驗是這樣的：他把細菌培養在培養液中，等到細菌增殖到渾濁狀時，就把他所認為的微小

生物加進去，數小時之後，細菌培養液就會變成一種透明的澄清液。

然後，他再將這種液體用一種特殊的「篩檢程式」（一種由陶土燒成的，有極微小的孔隙，普通的細菌濾不過去，但是比錫金微小的粒子是可以被濾過去的）進行過濾。將過濾液滴到生長於固體培養基的細菌群落上，則在細菌群落上出現了與特沃特所看到的相同現象。

埃雷爾心想：「那種能夠使細菌分解掉的因數，是一種微生物，而不是化學物質。」

事實雖然被埃雷爾言中了，但在當時他並沒有用充足的實驗來證明，因此埃雷爾的文章發表之後，權威們對他的看法眾說紛紜，但更多的是反駁。

直到一二十年以後，世界上出現了電子顯微鏡，人們才得到最後的答案，並將它命名為噬菌體。

隨著時間的推移，人們對噬菌體又有了新認識：1922年，荷蘭的拜耶林克根據當時計算出的噬菌體數量級，認為噬菌體和蛋白質分子的大小相當；1925年，法國巴斯德研究所的沃爾曼夫婦提出噬菌體最活躍的要素是含有一種有穩定遺傳性的物質；20世紀40年代中期，科學家已測出噬菌體的大小和含有以蛋白質為外殼和以DNA為核心的化學本質。至此，人們對噬菌體的認識逐漸清晰、完整。

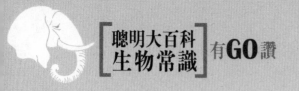

爲植物提供營養的根瘤菌

　　個星期六的上午，小雲到郊區的外婆家玩。恰巧舅舅在田裡工作。小雲就蹦蹦跳跳地跟著去了，舅舅他們都在田裡忙農活，小雲就在田地邊上玩耍，不小心，她把一顆快要成熟的黃豆給拔出來了。小雲驚訝的發現，黃豆根部長了一些小「腫瘤」。她心想黃豆可能「病了」，於是趕緊告訴舅舅他們。

　　舅舅告訴小雲這些小疙瘩是由於植物根部被根瘤菌侵入後形成的「腫瘤」。不過，這些「腫瘤」的存在不僅不會使植物生病，反而會不斷地為植物提供營養。聽舅舅這麼一說，小雲反而不明白了，她對舅舅說，細菌不是能讓植物生病嗎？現在怎麼又說它不會讓黃豆生病呢？

　　舅舅告訴小雲說，根瘤菌侵入豆科植物根部形成「腫瘤」後，雖然在根瘤中它們是依靠植物提供的營養來生活的，但同時它們也把空氣中游離的氮氣固定下來，轉變成植物可以吸收利用的氨。這樣，一個個小疙瘩就像是建在植物

根部的一個個「小化肥廠」。

因此也可以說根瘤菌與植物的關係是「相依為命」的，它們之間是「共生的關係」。根瘤菌固氮的最大優點是由於它們與植物的根系的「親密接觸」，使得固定下來的氮幾乎能百分之百地被植物吸收，而不會跑到土壤中造成環境污染。

現在，因為使用化肥存在著某些嚴重的缺點，因此，人們都在大力研究和推廣新型的「綠色」肥料——微生物肥料。簡單地說，微生物肥料就是利用特定微生物來增加土壤肥力的微生物品，就如同黃豆根部的根瘤菌一樣。微生物肥料又稱細菌肥料或菌肥，這是因為其中涉及的微生物大部分都是細菌之故。

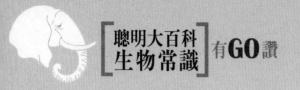

微生物也可以當「藥」用

1909年，德國蘇雲金的一家麵粉加工廠中發生了一件怪事，本來一種叫地中海粉螟的幼蟲每天都在倉庫中到處飛舞，但後來不知什麼原因，這種幼蟲突然大量死亡。麵粉廠的人覺得很奇怪，就把這些害病的地中海粉螟幼蟲的屍體寄給生物學家貝爾林內。貝爾林內對此很感興趣，他決定揭開粉螟幼蟲死亡的祕密，以此造福人類。

經過無數次努力，貝爾林內終於在1911年從蟲屍中分離出來一種桿狀細菌。他把這種菌塗在葉子上，將粉螟幼蟲放到這些葉子上，等粉螟幼蟲吃下這些葉子後，粉螟幼蟲先是惶惶不安，過了兩天後紛紛死去。而這種細菌卻生長旺盛，一天後，就可在細胞一端長成一個芽孢。芽孢就像一個結實的「蛋」，不僅可以「孵化」出下一代，而且還有一層厚厚的壁，能更好地抵抗像高溫、乾旱等一些不利的外界環境。4年以後，貝爾林內詳細描述了這種微生物的特性，並給它命名為蘇雲金桿菌。他後來還發現，在細菌的芽孢形成後不

久，會形成一些正方形或菱形的晶體，稱為伴孢晶體。

蘇雲金桿菌的發現，使人們自然想到利用它來給害蟲製造「流行病」以殺滅害蟲。但由於化學農藥的價格優勢，蘇雲金桿菌長期未獲得產業界的足夠重視。

直到今天，隨著大量使用化學農藥造成的嚴重環境污染日益顯著，人們才重新認識用細菌防治害蟲的生物防治方法的意義，蘇雲金桿菌重新走進了人們的視野。

黴菌的功過是非

大家都有這樣的經歷：買來的橘子，時間放長了，橘子皮就爛了一塊，周圍還會長出綠色的一圈，上面豎立著許許多多綠絨毛，這是青黴菌在作怪。人們吃了這種腐爛的橘子以後，帶苦味的毒素就會在消化道裡引起不同程度的腸炎或胃炎。

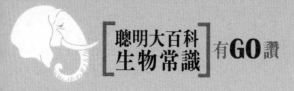

　　從這個角度看，黴菌是一種讓人討厭的東西，因為它們會引起衣服、食物和物品的黴爛，使人和動植物得病。比如，小麥赤黴、水稻惡苗赤黴會引起小麥、水稻病害，毛黴引起養鱉場最怕的白斑病，黑根黴引起甘薯得軟腐病等等。還有一種黃麴黴素，人、畜吃了後會引起肝癌等疾病。這種毒素要在攝氏280~300度才會被破壞，一般的煮或炒，是達不到這個溫度的，因此發黴的花生和玉米一定不能吃。在這方面，歷史上有一個鮮明的例子：很多年前，在英國的一個養殖場裡有10萬多隻火雞突然患病，幾天內就死光了。一開始人們找不出病因。經過一年多的仔細調查才發現，原來罪魁禍首就是在這些火雞的飼料——發黴的花生粉裡找到的黃麴黴毒素。

　　但是，黴菌對於人類有過也有功。如果我們能很好地利用黴菌，它也能給我們帶來意想不到的好處。早在周代，有種專職的官員，就負責專門從黃色麴黴中取得一種黃色的液體，來染製皇后穿的黃色袍服。古人不僅早就知道用黴來製醬，還懂得用豆腐和糨糊上的黴來治療傷口出血和瘡癰等疾病，以達到消炎和癒合傷口的作用。

　　現在，黴菌被廣泛運用於食品加工企業。例如，我們平時喜歡吃的豆腐乳為什麼那麼好吃呢？原來，它是用豆腐切成小塊，接種了魯氏毛黴而製成的。豆腐上接種了魯氏毛

黴，這不僅不會產生對人體有害的物質，它還會把豆腐中的蛋白質分解成氨基酸和其他有機酸等營養成分，吃起來就顯得很鮮美可口了。

此外，黴菌還是發酵工業、醫藥工業的重要菌種。

細菌也會挑食

小強的爸爸是位微生物學家，平時，小強總喜歡聽爸爸講一些關於微生物的知識。今天是週末，爸爸帶小強出去玩了一上午，在路上，小強無意中從一張紙上發現什麼「葡萄糖」之類的字樣。

爸爸靈機一動，就告訴小強說：「你平時就挑食，你可知道，細菌也喜歡『挑食』啊？」

「細菌『挑食』？爸爸你快說說是怎麼回事？」小強迫不急待地問。爸爸笑笑，牽著小強到一處樹蔭下坐了下來，

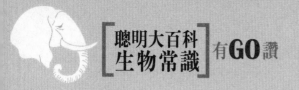

然後就告訴小強細菌是怎樣「挑食」的。

小強的爸爸是以大腸桿菌為例的，他講道大腸桿菌會「吃」葡萄糖，也會「吃」乳糖，但它有「挑食」的毛病。如果讓它在同時含有這兩種糖的培養基中生長，開始時它只「吃」葡萄糖，當葡萄糖吃完後它才「吃」乳糖。而且，這種習性還是代代相傳的。

大腸桿菌會有這種遺傳性的「挑食」習慣，是因為它的特定的基因在作怪。

大腸桿菌細胞中，與吸收、利用葡萄糖有關的酶類是與生俱來的，我們稱這些與生俱來的酶為組成型酶；而與乳糖吸收、利用相關的酶卻只有在培養基中有乳糖的情況下才會產生，所以稱這一類酶為誘導酶。但是，如果培養基中同時含有葡萄糖和乳糖，大腸桿菌開始時還是不會產生與吸收、利用乳糖相關的酶，只有在吃完葡萄糖後，只剩下乳糖的情況下，這些酶才會產生。當然，這兩類酶的基因在細胞中的存在，是不因培養基的組成而改變的。誘導酶是否產生的關鍵，在於環境條件是否適合這些基因的表達，或者說處在某種環境下的細胞是否需要這些酶的產生。

聽爸爸這麼一講，小強感到微生物世界真是太神奇了。他真希望自己長大後也能做個微生物學家，也能解決好多好多的問題。

白菜得病記

現在農村有好多種植蔬菜的大棚，這些大棚一年四季都能生產蔬菜。所以現在我們每天都能吃到新鮮的蔬菜了。張爺爺也是這些種植戶中的一員，他們一家人每天都在大棚中辛勤勞作。

有一天早飯後，張爺爺像往常一樣到自家的大棚中忙碌。但是他突然發現大棚中的白菜出現了一種不正常的現象，只見葉片正面有一些邊緣不清楚的褐色或黃綠色的斑。張爺爺以為是普通的病蟲害，於是趕緊找了一些常備農藥噴在白菜上。可是沒過幾天，這葉子上的斑不僅沒有好轉，反而轉變成了褐色。

這下張爺爺可急了，他急忙跑到附近的種子站，找到他熟悉的技術員小王，把相關情況對小王說了。小王聽完後就趕緊跟隨張爺爺去大棚察看情況，看過受害的白菜以後，小王想白菜大概是被霜黴菌侵害了，但是他也不敢輕易下結論。

小王馬上帶了幾顆受害的白菜回去檢驗，實驗結果出來

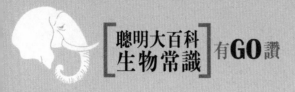
了，危害白菜的罪魁禍首果然是霜黴菌中的十字花科植物霜黴菌。

　　找到答案的小王給張爺爺打電話說明了情況，並且告訴張爺爺，這種病菌一旦侵害到白菜，首先白菜葉子會呈現邊緣不清楚的褐色或黃綠色的斑，幾天後這種斑就轉變為褐色。

　　另外，在病斑的背面有稀疏的白色或灰色黴層，那是病菌從寄主的氣孔中伸出的孢囊梗和孢子囊。同時白菜的花序也會受到傷害，受害的花序扭曲腫大，有的就形成所謂的「龍頭」狀。

　　說完這些後，小王還提醒張爺爺，這種霜黴菌同樣也會侵害油菜。聽小王這麼一說，可急壞了張爺爺。原來張爺爺家的大棚中也種有油菜，更要命的是，油菜就種在白菜的不遠處。

　　小王安慰張爺爺不要著急，因為下午新的藥品就會送到，到時候他會親自把藥給張爺爺送去。聽他這麼一說，張爺爺才放下心來。

　　配上藥後，幾天過去了，張爺爺驚訝的發現原來的斑不見了，大白菜又煥發了生機。

生產抗生素的功臣

醫生常常用頭孢黴素、螺旋黴素、慶大黴素、利福黴素、鍊黴素等抗生素為病人治病，使許多病人轉危為安。你可知道生產抗生素的主角是誰嗎？

原來，生產抗生素的主角就是一種被稱作放線菌的細菌。目前在我們用的抗生素中，有70%是用放線菌生產的。

放線菌是細菌家族中的一員，是一種原核生物，細胞構造和細胞壁的化學組成都與細菌十分相似，因菌落呈放射狀而得名。然而，放線菌又有許多真菌家族的特點，例如菌體呈纖細的絲狀，而且有分支。所以從生物進化的角度看，它是介於細菌與真菌之間的過渡類型。放線菌有許多交織在一起的纖細菌體，叫菌絲。

當放線菌在固體營養物質上生長時，不同的菌絲分工不同，有的紮根於它們的食物中「埋頭大吃」，不用說這肯定是專管吸收營養的營養菌絲，又因為這些菌絲是生長在培養基內的，因而也稱為基內菌絲；有的菌絲朝天猛長，這是由

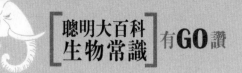

營養菌絲發育後形成的氣生菌絲。放線菌長到一定階段，便開始「生兒育女」了。它們先在氣生菌絲的頂端長出孢子絲，成熟之後，就形成各式各樣形態各異的孢子。孢子的外形有的像球，有的像桿子，還有的像瓜子。它們可以隨風飄散，遇到適宜的環境，就會在那裡「安家落戶」，開始吸收水分和營養，萌生成新的放線菌。

放線菌平時最樂意住的地方就是有機質豐富的微鹼性土壤，這種土壤所特有的「泥腥味」就是由放線菌產生的。放線菌中絕大多數是腐生菌，能將動植物的屍體腐爛、「吃」光，然後轉化成有利於植物生長的營養物質，在自然界物質循環中立下了不朽的功勳。科學家根據不同的放線菌的特點製成抗生素，幫助人類抵抗病菌的騷擾。

除了生產抗生素外，放線菌在工業上還有大貢獻呢。例如，利用放線菌還可以生產維生素B12、β胡蘿蔔素等維生素，生產蛋白酶、溶菌酶，以及用於生產高果糖漿的葡萄糖異構酶等酶製劑。另外，放線菌在石油工業和汙水處理等方面也可發揮一技之長。

除了少數放線菌會引起地動物、植物和人類疾病外，我們今天認識的大部分放線菌對人類都沒有害處。但這些比起放線菌的功績來，實在是微不足道的。我們要盡力用好它有利的一面，規避有害的一面就可以了。

【實驗一】 腐爛的香蕉

你知道酵母菌會加速食物的腐爛嗎？

需要的材料

一根香蕉，一把小刀，兩個塑膠袋，一些發酵粉，兩根橡皮筋。

實驗步驟

1. 剝開香蕉皮，用小刀切下兩薄片香蕉。

2. 將一片香蕉薄片放進一個塑膠袋中，並用橡皮筋將袋口紮緊。

3. 在另一片香蕉薄片撒些發酵粉，然後裝進另一個塑膠袋中，也用橡皮筋將袋口紮緊。

4. 將第一個塑膠袋放在左邊，第二個塑膠袋放到右邊，以示區別。

5. 將兩個塑膠袋靜置兩周，並且每天都仔細觀察兩個塑膠袋中的情況。你會發現，撒有發酵粉的香蕉薄片會更早發黴並腐爛。

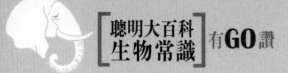
實驗大揭祕

酵母菌是真菌的一種，它必須寄生在別的生物上獲取養料。遊戲中，將酵母菌撒在香蕉薄片上，酵母菌就會從香蕉薄片上獲取養料，導致香蕉很快地腐爛。

科學小常識

真菌像細菌和微生物一樣都是分解者，它可以避免生物的屍體不斷地堆積在地球上，腐爛後被徹底分解的東西還可以被其他的植物或動物利用。在我們澆花種菜的各種肥料中就含有真菌，它們會把肥料分解成能讓植物吸收的形態。

【實驗二】 三杯雞精湯汁

你知道哪些物質能夠抑制細菌的繁殖嗎？

需要的材料

一小包雞精，一些食鹽，一些白醋，三個玻璃杯，一個量杯，一把小勺，一根筷子，三張標籤紙，一支筆，一些熱開水。

實驗步驟

1. 將雞精全部倒入量杯中。
2. 往量杯中倒入熱開水，然後用筷子進行攪拌，使雞精完全溶化。

3. 將雞精湯汁均勻地倒入三個玻璃杯中。

4. 往一個玻璃杯中放入一小勺食鹽；往第二個玻璃杯中放入一小勺白醋；第三個玻璃杯中什麼也不放。

5. 在每個玻璃杯上貼上一個標籤紙，並用筆做好區別標記。

6. 把三個玻璃杯放到溫暖的地方靜置兩天，然後觀察裡面湯汁的變化。你會發現，三杯湯汁都變渾濁了，什麼都沒放的湯汁最渾濁，放有醋的湯汁最清澈。

實驗大揭祕

當湯汁裡產生了大量的細菌時，湯汁就會變渾濁。因為鹽和醋能抑制細菌的繁殖，使細菌繁殖的速度變慢，細菌也就相應較少，所以湯汁會顯得清澈一些。同時，醋抑制細菌繁殖的能力比鹽要強，所以，放了醋的湯汁比放了鹽的湯汁要清澈一些。

科學小常識

據介紹，味精是谷氨酸的一種鈉鹽，含有鮮味的物質，學名叫谷氨酸鈉，亦稱味素。此外還含有少量食鹽、水分、脂肪、糖、鐵、磷等物質。而雞精則是一種複合調味品，它的基本成分是在含有90％的味精基礎上，加入助鮮劑、鹽、糖、雞肉粉、辛香料、雞味香精等成分加工而成，更含有多種氨基酸。

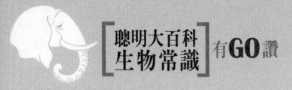
【實驗三】 袋子裡的青黴菌

你見過青黴菌嗎？你知道它最容易在什麼樣的環境下生長繁殖嗎？

需要的材料

兩個橘子，兩個檸檬，兩個塑膠袋，兩團棉球，兩根橡皮筋，一個大盤子，一台冰箱，一些清水。

實驗步驟

1. 將橘子、檸檬、棉球都放在地面上摩擦一下。

2. 將三者一起放到盤子中靜置一天。

3. 將三者每樣放一個放進兩個塑膠袋中。

4. 在兩個塑膠袋中撒十幾滴水，並小心用橡皮筋將袋口密封起來。

5. 將一個塑膠袋放進冰箱的冷藏室中，另一個放到陰暗暖和的地方，兩者都靜置兩個星期。

6. 持續每天觀察一次塑膠袋裡的情形。你會發現，放在冰箱冷藏室裡的塑膠袋，裡面的東西除了變乾了一些外，其他的沒有什麼變化；另外一個塑膠袋裡的東西卻長滿了藍綠色的細毛。

實驗大揭祕

　　沒有放到冰箱裡的那個塑膠袋內長出的物質是青黴菌，在顯微鏡下觀察，它呈藍色掃帚狀。青黴菌通常生於柑桔類水果上。在熱的地方，特別是溫暖潮濕的地方，它會繁殖得很快；在溫度較低的地方，它的生長速度則會變慢。

科學小常識

　　自然界中已發現的青黴菌絕大多數以無性繁殖的方式繁衍後代，即分生孢子萌發為菌絲體，在氣生菌絲上產生分生孢子梗，在分生孢子梗上串生許多分生孢子，分生孢子在適宜環境中又萌發為菌絲體，以此循環反覆。

6

運轉靈活的機器——
我們的身體是如何工作的

我們身體的司令官

一天，一隻獅子、一隻小鳥和一個護林員相遇了。

獅子開口說：「喂，我說你這個人有我這樣的利爪嗎？瞧，我能立刻讓前面的那隻兔子變成美味。」說完獅子真的就撲了上去，好一會兒，牠叼著兔子回來了。

護林員對著遠處樹上的一隻鳥兒，「碰」的一槍，鳥兒被打落了。

獅子不做聲了。這時小鳥說：「你看我，能在藍天自由飛翔，你能嗎？」護林員指著遠處天空中的一架飛機說：「你瞧那個，我們人類可以坐著那個飛天啊！」

小鳥望著飛機點點頭也不說話了……

是啊，我們人類沒有雄獅猛虎般的尖牙利爪，所以和獅子老虎硬碰硬地搏鬥，失敗的總是我們。我們也沒有鳥兒翱翔藍天的翅膀，但人類卻可以統治百獸。因為我們擁有一個強大的腦。

腦的工作是記憶我們看到、聽過的東西，同時進行不斷

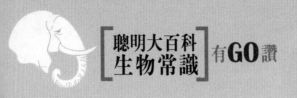

地思考。除此之外，腦還支配著我們的全身。

　　就拿從書架上取下一本書這麼簡單的事情來說吧：首先，大腦給眼睛下命令「找到書架上的書」；其次，眼睛找到書的同時，大腦命令手伸出去，把書從書架上取下來。

　　在接到大腦命令以前，身體是不會做出任何動作的。腦調節了我們身體所有的機能，沒有腦的身體將會是無法想像的。

　　腦一般可被分成三部分，第一部分就是位於大腦後部的「後腦」，這部分主要負責調節我們身體的站立等運動機能，還有簡單的記憶機能，如果沒有後腦，上體育課時我們就無法掌握身體的平衡，奔跑當然也是不可能的事。

　　第二部分位於後腦的上方，叫做中腦（腦的中間部分）。第三部分叫做前腦（腦的前部），也是所占面積最大的部分，人們把這部分的大腦分成左右兩部分，分別叫做「大腦左半球」和「大腦右半球」。

　　大腦相當於我們身體的「司令官」，也是給身體各部分下達命令的場所。因為有了大腦，我們的世界從此與眾不同了。

皮膚是人體最大的器官

上課後，老師首先問了一個既簡單又複雜的問題，那就是「皮膚有什麼作用？」

可不是嗎？皮膚是我們最常見的東西，但也往往最容易被我們忽略。相反，大腦、心臟等這些我們看不見的東西，我們的瞭解倒是比較多。

但聽完老師的問題後，同學們還是積極回答。小明說：「皮膚也在做著許多工作，皮膚阻止細菌、病毒等病原體進入到我們身體。」

小蘭說：「皮膚上的汗腺把身體內老化的廢物透過汗液排出體外，並且在身體感到熱的時候，汗腺可以透過分泌汗液調節保持我們身體的溫度。」

老師聽完後，接著問：「手碰到熱的東西會感覺到燙，被別的小朋友招到會感覺到疼，這是不是皮膚的功勞啊？」

皮膚當中還有一種感受器叫做「觸覺感受器（簡稱觸點）」，感受接觸到的物體是柔軟還是堅硬，就是由這些

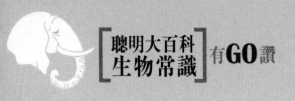
「觸點」完成的。正是因為有了它們，我們即使閉上眼睛用雙手觸摸，也可以大概辨別出觸摸到的東西是什麼。這種「觸點」在手指尖端分佈最多，這大概是我們勤於動手的緣故吧！

但更讓人稱奇的是，視覺有障礙的人和一般人相比，手指尖端分佈的「觸點」更多。因為盲人的「觸點」比普通人多，所以用拐杖敲打地面就可以清楚地感知到前方路上的障礙，這也就是盲人走路時用拐杖探路的原因。

除此之外，皮膚還有一項非常重要的功能。那就是我們的皮膚可以在接受陽光照射的情況下，在我們體內合成維生素D，維生素D可是供給骨骼營養的重要營養素，如果人們少了它，就會得一種叫做「佝僂病」的骨骼疾病。

怎麼樣，我們的皮膚不僅面積大，而且作用也很大吧！

我們擁有比鋼鐵還硬的骨骼

骨骼不僅構成了我們身體的框架，它還肩負著保護我們身體器官的重任。這可不，一大早的，頭骨就對人體說：「如果沒有我頭骨的保護，哪怕是輕微的撞擊或是被什麼東西碰到，都會使腦受到傷害，腦是我們的司令官，而且又是脆弱而敏感的器官，哪怕是一點小傷害也會出現很嚴重的後果的。所以我的功勞大。」

聽頭骨這麼一說，肋骨不高興了，它陰沉著臉大聲說：「是我們肋骨把心臟、肺臟、肝臟等都包圍起來，假如沒有了我們，走路時哪怕是和別人輕輕地撞到，也會把我們的心臟撞壞或者把肺臟撞扁，我們會因為無法呼吸，血液流動受阻而死去。還是我們的功勞大。」

肋骨說完後，其他的骨骼也爭先恐後地說起自己的功勞。彼此爭執起來，各不相讓。後來大腦說話了，它說：「你們的功勞都很大，正是有了你們，人才真正稱為人。而且我還要告訴你們一個讓你們自豪的事，那就是我們神奇的

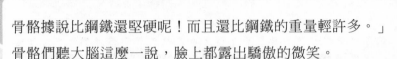

骨骼據說比鋼鐵還堅硬呢！而且還比鋼鐵的重量輕許多。」骨骼們聽大腦這麼一說，臉上都露出驕傲的微笑。

　　此外，大腦還告訴骨骼們，骨頭有時也會折斷，可是不必擔心，因為骨折之後，骨骼具備自我修復的能力，只要把折斷的骨頭按原來的位置固定好，折斷的位置就會產生新的骨細胞，折斷的骨頭也就被重新連接起來了，這麼看來，我們的骨頭可比鋼鐵好得多了吧！

　　最後大腦鄭重地告訴骨骼們要經常運動，否則它們就會變得脆弱，容易折斷或破碎，骨骼中的鈣也就會溶解到血液中，隨尿液排出體外，進而影響它們的成長。即使是太空人在太空中也堅持要在狹小的太空艙內做運動，就是為了防止骨骼因缺乏運動而變得虛弱。如果不做運動，等到他們重返地球走下太空梭時，骨頭可能無法承受身體的重量而折斷。

　　骨骼們聽完大腦的話後，都暗下決心要好好運動。

塊頭大功能大的肝臟

星期天，小紅跑到爸爸的書房問：「爸爸，我們身體內有那麼多的內臟器官，哪一個最大啊？」

「你是說個頭、重量嗎？」爸爸放下手中的筆問道。

「嗯。」

「要是論個頭最大、重量最重那就非肝臟莫屬了。對於像爸爸這樣的成年人來講，肝臟的重量相當於體重的1/50，大概1.5公斤左右。」

小紅點了點頭，爸爸又告訴她肝臟個頭大、又重，但它卻是我們身體當中最為忙碌的器官。至於它究竟有多少功能也沒有完全被世人所知曉。但就目前所知道的，肝臟所做的最重要的工作就是吸收營養成分，並把無用的廢物排出體外，這被稱為「物質代謝」。許多我們身體所必需的物質都是由肝臟製造或者轉換的，因此我們也可以把肝臟看作是一個大工廠。

首先，這個大工廠製造了我們身體所必需的葡萄糖。肝

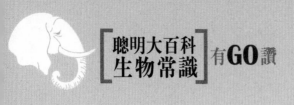

臟中儲存著葡萄糖，並在適當的時候把它釋放到血液中。如果肝臟中葡萄糖的儲存量不足，肝臟會將把一種叫做「糖元」的物質轉化為葡萄糖，並釋放到血液當中。

除了把葡萄糖轉化成糖元，加以儲存外，肝臟還負責把蛋白質分解成氨基酸並根據身體各器官的需要，將氨基酸重組成所需蛋白質。

肝臟還負責消除我們身體當中的毒素，分解蛋白質的過程中會產生一種有毒物質——「氨」，氨在肝臟中經過複雜的處理，轉化成尿素，以尿液的形式被排出體外。

成年人所吸香菸及飲用的含酒精的飲料當中的有毒物質也是透過肝臟被分解掉的，我們生病時吃的藥也在肝中分解，如果這些藥物沒有被分解直接留在體內的話，可會有大麻煩的。

除了以上的功能，肝還可以起到調節體內激素的作用等。

小紅聽完後，點了點頭說：「原來肝臟有這麼大的功能，真是塊頭大，功能也大啊！」

小小腎臟作用大

在人體的內臟器官中，腎臟算是個小個子了。腎臟的大小和小一點的拳頭相仿，重量也不過120~160克。但是腎臟的作用卻非常大，它除了製造尿液以外，還負責調節身體中血液的濃度和水分的多少。因為我們身體中血液和體液的濃度如果不能保持一定的話，生命就會遇到危險，因此腎臟就如同心臟和大腦一樣重要。

別看腎臟那麼小，但每天卻有超過1000公升的血液流經腎臟，腎臟中有許多叫做「腎單位」的小工廠，在這些小工廠裡，血液當中的代謝廢物就被過濾出來，並被製成尿液排出體外。

這麼重要的腎臟當中，如果有了異常，可是要生病的。例如，我們平時所知道的糖尿病就是由於腎臟工作異常引起的。當然它還與胰島素的分泌不足有關。

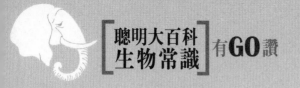

胃怎麼不會消化自己

一天，一粒西瓜籽與一粒玉米相遇了，玉米高興地和西瓜籽打過招呼後問：「老兄，聽說人類的胃把吃過的食物集中起來進行消化，食物一般要在胃中停留3~4個小時。在這期間，胃每隔20秒就蠕動一次，把食物和胃液攪拌在一起，使食物被充分消化。老兄，你說這胃怎麼就不把自己給消化掉了呢。唉，我就納悶了。」

西瓜籽想了想說：「我曾到胃裡遊覽過，幸虧靠著我這個特殊的外殼才沒被消化掉。我就告訴你我的所見所聞吧！」

西瓜籽到胃後發現，胃裡有好多黏液，經過打聽，西瓜籽知道了那些液體叫做胃液，它是由很多種物質混合而成的，首先胃液中含有可以消化蛋白質的胃蛋白酶。胃蛋白酶的作用就是把食物中含有的蛋白質，分解成為塊頭較小的一個個小塊，人們把它們叫「多肽」。

胃液中還含有鹽酸，那可是種很厲害危險的東西，能夠灼傷皮膚。鹽酸在胃中主要是為了殺死食物中的細菌的。

　　說到這裡，玉米粒就開始替胃擔心了，「那麼厲害的鹽酸在胃裡，胃哪能受得了啊？」

　　西瓜籽瞪了玉米粒一眼，玉米粒吐了吐舌頭，趕緊閉上了嘴巴聽西瓜籽說。原來，胃中有一種可以保護胃不受鹽酸和胃蛋白酶損傷的物質，叫做胃黏液。胃黏液緊緊覆蓋在胃的內壁上，使胃酸和胃蛋白酶所消化的食物都無法和胃壁直接接觸，這樣就阻止了胃酸及胃中消化液對胃的腐蝕了。

　　並且很神奇的是胃液在一般情況下是沒有的，只有在有食物進入到胃中之後，胃才開始分泌胃液。然後把已經消化過的食物一點一點慢慢地送到小腸裡去。玉米粒吃驚地張大了嘴巴，半天都合不攏，它實在是太佩服胃了。

身體內的大力士

　　龍發燒住進了附近的醫院，他發現醫生每天都拿著那個叫「聽診器」的儀器放在自己胸前聽。一次醫生又來給他看病，他請求醫生讓自己也聽一下，醫生笑

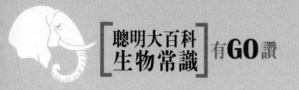

了，過了一會兒醫生把聽診器放在了龍龍耳朵上。

　　「撲通，撲通」龍龍說，「那是什麼，是我的心臟在跳動嗎？」

　　醫生笑著摸了摸龍龍的頭說：「是啊，這就是你的心臟在跳動。如果不戴聽診器跳動的聲音不是很大，跳動的感覺也只有你自己才能感覺到，不信，你用手摸摸自己的胸口看。」

　　龍龍摸了摸說：「叔叔，我感覺到了。」

　　醫生又告訴龍龍說：「心臟的長度大約12公分，重量也只有250～300克，實在算不上大塊頭，大小和我們的拳頭差不多。心臟全部的職能就是讓血液在我們全身不停地流動。塊頭不算大，職能不算多，但心臟確實是我們身體當中最重要的器官之一。如果心臟停止跳動，生命也就停止了。」

　　醫生還告訴龍龍心臟雖然只有拳頭般大小，但它的力氣可大得很。如果把心臟一天的工作量加在一起的話，一顆小小心臟的力氣可以與把一輛小汽車拉到20米的高處的力量相當。如果把一顆心臟一生的工作量加在一起，據說就和把一個重30噸的物體運到世界最高的喜馬拉雅山上的工作量一樣。

呼吸作用的功臣

晚上，小雷的媽媽端上晚餐對小雷說：「看看媽媽給你做的木耳炒肉，多吃點，潤肺。」

「潤肺？為什麼要潤肺？」小雷不解地問媽媽。

媽媽告訴他說，肺可是我們人體呼吸的大功臣啊。當空氣從我們的鼻孔進入鼻腔後，鼻腔裡的鼻毛阻擋住空氣中的灰塵，初步淨化後的空氣通過咽喉進入氣管。氣管上的纖毛朝上擺動，把空氣中剩餘的灰塵顆粒掃出去，乾淨的空氣就通過支氣管進入肺。肺中的支氣管反覆分支成無數細支氣管，它們的末端膨大成囊，囊的四周有許多突起的小囊泡，這些就是肺泡，吸進來的氧氣就保存在肺泡中。當血液流經肺臟後，肺泡就把氧氣給紅血球，讓它把氧氣帶到身體各處的組織細胞。

如果組織缺氧的話，就會死亡，所以說肺是呼吸作用的大功臣，又是身體與外界聯繫的通道。既然是這樣，我們當然要好好保護它了。而且大量的研究也表明，有很多病菌都會

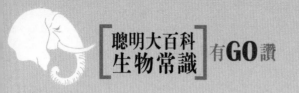
順著呼吸系統進入人體，對肺乃至整個身體都會造成傷害。

然後媽媽又告訴小雷，中醫講究食療、食補。從時令上看，秋天是五穀飄香的收穫季節，也是人們調養身心的大好時節。秋季養生不僅能防治秋季常見病、多發病，還能增強人體對秋季之後寒冷氣候的適應能力，改善體質。「燥」是秋季氣候的特點。秋燥消耗津液，並從口鼻先行入肺。如果不及時化解，會出現口乾口渴、食欲不振、尿少便祕、體重下降、皮膚乾燥等現象。因此，秋季的養生主要應從養肺、潤肺、補肺入手。而養肺滋補的食物很多，比如木耳、荸薺、梨等。

小雷聽完媽媽的話之後說自己還不知道秋天進食還有這麼大的講究呢，看來要好好注意著點，保護好肺。

人體所有東西都是寶貝

天早晨爸爸正在洗臉，小菲走過去說：「爸爸的鬍子好長喔。」

「是啊，去把爸爸的刮鬍刀拿過來吧！」爸爸說。

「爸爸，你臉上的鬍子好像沒有什麼用啊。每天還得整理，多麻煩啊！」

「哎喲，你可別小看我的鬍鬚啊。這鬍鬚就像我們身上的汗毛一樣，可以保護我們的身體，而且能調節身體的溫度呢。」

小菲等爸爸刮完鬍鬚後，又說：「爸爸，你說我們的身體中有沒用的東西嗎？」

「當然沒有了。」爸爸回答說。

「我看指甲好像沒有什麼用，而且總是需要剪。」小菲又說。

爸爸搖了搖頭說小菲的想法是不正確的。如果沒有了指甲問題可就大了。因為我們的雙手每天要做許多事情，所以隨時都有受到損傷的危險，如果有了指甲的保護就不受傷害了。

並且，在手指緊握住東西和用手向下用力按時，指甲還可以防止手指折斷。因為有了指甲，我們才可以握住東西，才能夠用手去擠或者按別的東西。

所以，人體中沒有用的部分是不存在的，哪怕是再細小的汗毛，它的存在也是有理由的。就連我們看做是污濁不潔之物的鼻涕、口水也都在盡職盡責地工作著。所以說人體所有東西都是寶貝，我們一定要保護好。

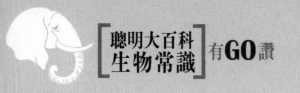

耳朵的演講

大家好！我的名字叫耳朵，我之所以做這次演講，是因為昨天我聽到幾位小朋友說爸爸媽媽太嘮叨，把耳朵塞住都不行，然後就抱怨我們耳朵，說沒有我們該多好。

各位想必都知道，我們耳朵是聽取聲音的重要器官，但是我們還有其他重要的功能。如果沒有我們耳朵，聽不見聲音事小，事實上還有更大的問題呢！

因為我們耳朵當中有三個器官，如同蝸牛形狀的名叫耳蝸，三個圓環直角相連模樣的名叫半規管，還有一個叫前庭。

耳蝸雖然只是一個小小的直徑不到一公分的器官，可是，如果沒有了耳蝸，耳朵就無法區分聲音，因為聲音在通過耳蝸之前只是空氣中的振動，振動經過耳蝸，就會被耳蝸中專門負責聽聲音的聽覺細胞轉化成神經信號，傳入大腦。之後，你們才能對聽到的聲音進行辨別。

你們大概不知道，就是因為有了我們耳朵的前庭和半規

管，你們才可以在很滑的冰面上行走而不會滑倒。因為它們具有平衡作用，所以當你們在光滑的路面行走，將要摔倒的瞬間，能夠重新找到平衡站穩的過程。偶爾會看到坐地鐵時打瞌睡卻不會向前傾倒的人吧，即使他們不去有意識地控制，前庭也會發揮控制身體平衡的作用的。

這裡面的奧祕其實不難理解，因為半規管和前庭是與腦相連的器官，所以當我們轉動身體或者移動身體的時候，可以透過腦的指令來保護平衡。

在座的各位當中或許就有人常常有眩暈的感覺，這個時候你們會直覺的想到可能是貧血的原因，其實一半以上的這種情況是與耳中半規管或前庭出現了問題有關。所以建議有這種情況的人可以到醫院做一下檢查。

好了，我的演講就到此。請你們自己好好想想我們耳朵的作用吧。謝謝大家！

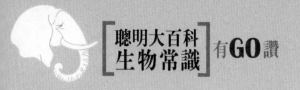

香不香全靠鼻子決定

「媽媽做的飯菜真香，爸爸你快過來嘗嘗啊。」丹丹喊道。

「來啦。」剛下班的爸爸應聲道。

等爸爸洗乾淨手坐在飯桌前，他突然問：「丹丹，你怎麼知道飯菜很香呢？」

「當然是我嘗的啦。」丹丹不以為然地說。

「那都是鼻子的功勞。」爸爸說。

「鼻子？」丹丹和媽媽幾乎同時問道。

爸爸看到媽媽和丹丹驚訝的樣子，就告訴她們，通常我們在吃過飯菜後，會覺得好像是由嘴巴嘗出了食物的味道，實際上和嘴相比，我們更加靈敏的鼻子，早就透過識別食物的氣味，知道了飯菜的味道了。

這聽起來好像讓人有些不可思議，但事實就是這樣的。

口中可以感受到的味道只有鹹、甜、酸、苦而已，所以舌頭也只能嘗到這四種味道。舌頭雖然只能辨別出這四種味

道，但我們在進食的過程中，香噴噴、麻辣辣，還有鮮魚的腥味等許多味道也是可以感受到的。這是為什麼呢？當然要歸功於我們的鼻子了。

所以，在品嘗美味時，要靠嘴巴和鼻子共同作用才行。例如，油炸食品既不甜也不鹹，既不苦也不酸，但我們還是吃得那麼香，就是因為我們用鼻子在「品嘗」油炸食品香味的緣故。所以如果是鼻子出了毛病，那麼我們在吃油炸食品時，口中就會如同是在嚼著一張沒有味道的白紙。這也就是我們得了感冒或者生病鼻子不通的時候，會覺得飯菜忽然變得不香了的原因。

另外，說出來會讓你大吃一驚的，那就是我們鼻子感覺味道的靈敏度和嘴相比要高出上萬倍呢！

是什麼讓身體動起來

現在，我們常聽到別人說：「某某的肌肉發達，真帥！」今天早晨，小群還拿了一張他所崇拜的明

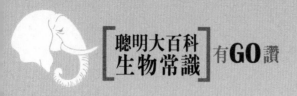

星海報在向別人炫耀呢。好巧不巧，這事恰巧讓剛走進教室的劉老師撞見了。

劉老師拿過小群手裡的海報看了看，然後說：「嗯，的確不錯。」接著劉老師又問同學們：「肌肉難道就是為了給人看的嗎？」同學們都你看看我，我看看你，不知老師要做什麼。

老師笑著說：「不要這麼緊張嘛，你們說說肌肉有哪些作用呢？」同學們都異口同聲的說：「肌肉是身體運動起來所必需的組織，如果沒有了肌肉，人就什麼事情也做不了了。」

老師笑著說：「對啊，我們之所以可以走，是因為腿部的肌肉在運動，手指的動作，眨眼的動作也都要由肌肉參加，才可以完成。不僅如此，心臟的跳動，肺的呼吸也都離不開肌肉。」

然後老師說：「肌肉大體上可以分為三類：與骨骼相連的肌肉，構成消化器官和內臟的肌肉，構成心臟的肌肉。這幾類肌肉有很多的不同點，例如，與骨骼相連的肌肉接受大腦的命令然後才進行運動，大腦讓腿部的肌肉行走，腿才可以邁開步子；讓手上的肌肉握拳出擊，手才可以揮動拳頭。此外，與骨骼相連的肌肉力量較大，可以快速地跑動或搬起重物，但是因為容易疲勞，所以無法持續地奔跑或者工作。

　　與骨骼肌不同的是，內臟的肌肉卻在無時無刻不間斷地工作，而且不受大腦的支配自行運動，之所以說構成腸胃肌肉和心臟的肌肉工作辛苦，就是因為它們無論任何時候都無法休息。」

笑並不簡單

　　放學後，明明因為一點小事很不開心，竟然還皺起了臉。大雄看到後，拍了明明一下說：「怎麼了？笑一個，你知道你可是在讓肌肉疲勞啊？」

　　「肌肉疲勞，那笑就不會讓肌肉疲勞了？」明明說，「你少唬人。」

　　「誰唬人了，據說微笑時需要牽動15塊臉部肌肉，而我們要皺臉，就需要43塊肌肉的運動，才可以使臉皺一下，你說是不是在讓肌肉疲勞啊？」

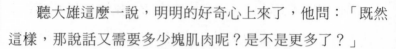

　　聽大雄這麼一說，明明的好奇心上來了，他問：「既然這樣，那說話又需要多少塊肌肉呢？是不是更多了？」

　　「那當然，我問過我爸爸，他說我們說話所需要的肌肉比微笑和皺臉都要多，為了說出一句話，至少要讓72塊大小不等的肌肉動起來，剛才為了讓你笑，我說了那麼多話，肌肉都動了好多次了。」大雄笑著說。

　　聽完大雄的話，明明恍然大悟，怪不得話說多了自己肚子容易餓呢，原來要動用不少肌肉，費不少力氣啊，不餓才怪。

　　大雄還告訴明明經常皺眉、生氣的人，臉部的肌肉就會僵化，給人的印象也會變壞。我們經常看到的那些凶巴巴的人就是最好的例子。相反的，總是笑瞇瞇的人，即使上了年紀也會給人很親切的感覺。所以，大家還是經常微笑吧！

紅血球的快樂旅行

大家好！我叫紅血球，因為我的身體裡有紅色含鐵的血紅蛋白，所以呈紅色。那天我從骨髓媽媽溫暖的懷抱中誕生了。雖然我很留戀媽媽溫暖的懷抱，但是我更明白自己的責任。所以我含淚告別了媽媽和一群同伴們上路了。臨行前，媽媽囑咐我，一定要努力工作，別忘了回家看看。

我大聲地告訴媽媽：「我都記住了。」然後就走進小夥伴中間，隨著血漿伯伯周遊人體的各個地方，完成我們的使命。我們將盡我們全部的力量，為身體的各部分送去必需的氧氣，同時帶走各部分細胞中的一部分二氧化碳，使細胞能進行正常的生理活動。

當我正好奇地東瞧瞧、西看看時，突然就被一股強大的力量推進了一個叫右心房的地方。儘管我極力想掙脫這股力量，可是那個房間的門卻只許進，不許回。

我不知道這是怎麼一回事，於是我趕忙向身邊的一個年

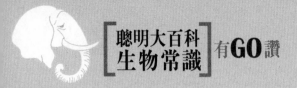

齡比我大的夥伴詢問這是怎麼回事。他回答說：「小兄弟，你是新成員吧？那叫房室瓣，只能朝著一個方向開，進了右心室，我們就只能往前，前面還有一道門，叫動脈瓣，它和房室瓣差不多，也會阻止我們往回跑，過了動脈瓣，通過肺動脈，我們就進入肺了。」

他的話剛說完，右心室一收縮，我們便被壓進了肺動脈，因為沒見過這陣勢，所以我感到有些害怕，於是我緊緊抓住那位同伴的手……

沒想到肺裡有這麼多的道路，我都不知道自己該走那一條路了。我問我的那位同伴：「我們該往哪邊走啊？」他說：「這些都是肺動脈的分枝，所以我們往哪邊走都行。」於是我們隨便選了一條路走了進去，沒想到進去後管道明顯變窄了，我們行進的速度也就慢下來了。

直到最後，管道窄得只能容我們一個一個地過去了。在這裡我發現我們所處的這些細如髮絲、壁又極薄的管道都緊緊纏繞在一個個小氣泡上，氣泡中充滿了新鮮的空氣。這時，我體內的血紅蛋白就開始發揮他特有的功能了，它們盡情地吸著氧氣，吸完後，我驚訝的發現自己變得漂亮極了，原來暗紅色的身體變得鮮紅。我高興地拉住那位同伴的手，繼續往前走。

奇怪的是，我們的路又越走越寬了，看到我不可思議的

樣子，那位夥伴笑了笑，然後告訴我，我們正在肺靜脈中行走，不久將進入左心房。我們正說著呢，不知從哪兒來了一股力量把我們推進了左心房，我們穿過房室瓣進入左心室。在那裡我發現左心室和右心室差不多，只不過牆壁比右心室厚。

在這裡，我受到了比右心室更強大的壓力，我們紛紛湧進了主動脈，那位夥伴告訴我說：「因為進入了主動脈後，我們將走很長的一段路，所以必須要有足夠的壓力，才能到達目的地。」

主動脈很寬敞，即使左心室那麼大的壓力，對它來說也無所謂，因為它的管壁比靜脈厚得多。過了一會兒，我和那位夥伴被分開了。儘管我很傷心，但我還是繼續往前走，前面還有我必須完成的責任呢。於是經過很長的一段路，我和別的同伴們到達了足部的毛細血管網。在那裡，我把體內的氧氣卸下來給那些急需氧氣的細胞，然後我又搬起細胞中的各種廢物和二氧化碳湧進血漿中。

當背著這些廢物時，我感到自己都快要喘不過氣來了，我的身體也變成暗紅色了。就這樣，我艱難地沿著下腔靜脈往上走，這時候我覺得後面沒有什麼壓力了，有時我也真想退回去休息一會兒，但是途中又有很多口袋似的東西，阻止著我，使我不得不往前走。我突然想起：那一定是靜脈瓣了。

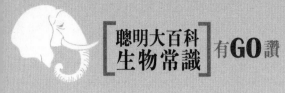

　　經過一圈旅行後，我無精打采地跨進了右心房。但想起前面就是肺動脈了，於是我急忙打起精神，向前湧去，到肺中去呼吸新鮮空氣。

　　此後我又到身體的其他部分去旅行過，比如腦部、手部等。當然了，我也回家去看望了我的骨髓媽媽。就這樣我每天都快樂地忙碌著。

　　時間過得飛快，今天是我到這個世界上的第120天了，我感到自己疲憊極了。我想起了旅行中的一個夥伴曾告訴我，我們紅血球的壽命平均為120天，想到這裡，我並不感到害怕，因為這是我們紅血球的自然生存規律。

　　我想著自己一生給人體做了那麼多的貢獻，所以開心地笑了。遠遠的，一隻巨型吞噬細胞正在朝我走來，我知道我將要去另一個世界了，我快樂地向我的同伴們告別，鼓勵他們要努力的工作。

　　那一刻終於來臨了，再見了……

會報時的生物時鐘

「為什麼順應生活規律人就感到很舒適，而打破生活規律人就會產生不適的感覺呢？」這是因為人們的日常生活要遵循一定的時間規律。而支配人按一定的時間規律進行生活與活動的，是人身體內部存在的一種看不見的時鐘——生物時鐘。

經過科學家的研究發現，多數人在上午到中午1時這段時間內頭腦敏捷程度最高；中午1時左右人的精力開始下降；而下午到晚上這段時間人的運動耐力最強，反應速度最快，雙手最靈活。因此，上午的時間適宜於工作和學習，午後應適當午休一下，而體育比賽大多在下午和晚上進行。

科學家還發現，在醫療方面，藥物對疾病的療效也和生物時鐘有很大關係，每一種藥物都有它的最佳使用時間。治療心臟病的藥物毛地黃在凌晨4時服用，比白天服用的效果好40倍。治療糖尿病的胰島素，夜間注射的效果比白天注射的效果好。

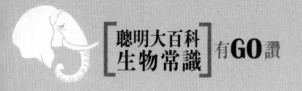

人體能耐多少度高溫

　　一天小紅去倒開水，手不小心被開水燙了一下，儘管時間極短但被燙處卻立刻就變紅了，還起水泡了，讓小紅疼痛難忍。媽媽在給小紅處理燙傷處的時候，小紅問：「煉鋼工人能在高於100℃的煉鋼爐下操作自如（儘管時間也不長），我為什麼會讓開水燙傷呢？」

　　媽媽告訴小紅，人體承受高溫的能力，不僅與溫度有關，而且還和人體周圍的濕度有關。溫度越高，被燙傷的可能性就越大。人被水燙傷、或被水蒸氣燙傷時，儘管時間極短，而且溫度又並非極高（很少超過100℃），因被燙傷部位空氣溫度幾乎是100％，所以仍可造成較重傷害，令人產生劇痛而難以忍受。而煉鋼工人的工作環境中，由於其空氣較為乾燥，所以不會引起無法承受的劇痛感，更不會對身體造成燙傷。

　　為了驗證人在乾燥的環境中，能承受的最高溫度是多少，曾有人做過這麼一個實驗：在相當乾燥的空氣中，健康

人能在50℃的高溫中待上2個小時；把溫度升到70℃，人能待上15分鐘；升到100℃的高溫人只能待上3分鐘；在150℃的高溫中只能待上1分鐘。

但是因為人體的熱承受力，受空氣濕度影響很大，當氣溫高於28℃，絕對濕度大於30百帕時，人就會感到又悶又熱。據實驗，若在45℃飽和濕空氣中待上1小時，人就會發生中暑昏迷。

現實生活中，當我們穿著衣服時，人體的散熱量要小得多，因此在炎炎夏日裡，我們就要格外注意氣溫升降，採取措施，以防中暑。

【實驗一】 神奇的味覺

下面這個實驗能讓我們體會到味蕾的神奇作用。

需要的材料

糖，苦瓜，醋，食鹽

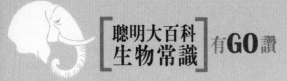
實驗步驟

1. 用舌頭上下分別感受一下糖、苦瓜、醋、食鹽的味道。

2. 你會發現甜味是在舌尖上嘗到的，苦味實在舌根附近嘗到的，酸味是在舌頭側面靠後的位置嘗到的，鹹味是舌頭側面靠前的位置上嘗到的。

實驗大揭祕

口腔內感受味覺的主要是味蕾，其次是自由神經末梢。味蕾大部分分佈在舌頭表面的乳狀突起中，尤其是密集集中在舌黏膜皺褶處的乳狀突起中。味蕾一般有40～150個味覺細胞構成，大約10～14天更換一次，味覺細胞表面有許多味覺感受分子，不同物質能與不同的味覺感受分子結合而呈現出不同的味道。所以對各種味道的感覺敏感度也不一樣。

科學小常識

味覺是指食物在人的口腔內對味覺器官化學感受系統的刺激並產生的一種感覺。不同地域的人對味覺的分類不一樣。

日本：酸、甜、苦、辣、鹹

歐美：酸、甜、苦、辣、鹹、金屬味、鈣味（未確定）

印度：酸、甜、苦、辣、鹹、澀味、淡味、不正常味

中國：酸、甜、苦、辣、鹹、鮮、澀。

從味覺的生理角度分類，只有四種基本味覺：酸、甜、

苦、鹹，它們是食物直接刺激味蕾產生的。

【實驗二】 無法判斷水溫

經過冷熱洗禮以後，我們的皮膚無法準確的判斷水溫了。

需要的材料

三個水盆，冷水，常溫水，熱水。

實驗步驟

1. 將三個水盆在桌子上依次擺開。分別倒入冷水，常溫水，熱水。

2. 先把左右手放到冷水和熱水兩個盆子裡。最後，把兩隻手全部放到常溫的水中，起碼在十秒鐘之內，你是無法感覺到水是涼的還是熱的。

實驗大揭祕

所謂冷與熱是以我們的皮膚溫度做出的一個對比。當兩隻手分別接觸不同的溫度的水以後，與左手相比，常溫的水就是熱水，可是對於右手來說，常溫的水就是冷水。

科學小常識

人體是一個非常複雜精密的「設備」，感知體溫的器官大致分為兩類：外周溫度感受器和中樞溫度感受器。

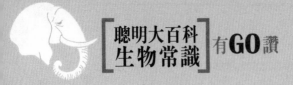

（一）外周溫度感受器

皮膚和某些粘膜上的溫度感受器，分為冷覺感受器和溫覺感受器兩種。它們將皮膚及外界環境的溫度變化傳遞給體溫調節中樞。人類在實際生活中，當皮膚溫為30^{0}C時產生冷覺，而當皮膚溫為35^{0}C左右時則產生溫覺。腹腔內臟的溫度感受器，可稱為深部溫度感受器，它能感受內臟溫度的變化，然後傳到體溫調節中樞。

（二）中樞溫度感受器

下視丘、腦幹網狀結構和脊髓都有對溫度變化敏感的神經元：在溫度上升時衝動發放頻率增加者，稱溫敏神經元；在溫度下降時衝動發放頻率增加者，稱冷敏神經元。在下視丘前部和視前區溫敏神經元數目較多，網狀腦幹結構中則主要是冷敏神經元，但兩種神經元往往同時存在。中樞溫度感受器直接感受流經腦和脊髓的血液溫度變化，並透過一定的神經聯繫，將衝動傳到下視丘體溫調節中樞。

【實驗三】 撓癢癢

撓癢癢其實也蘊含了科學的原理，你知道是怎麼一回事嗎？

需要的材料

和朋友在一起

實驗步驟

1. 讓朋友撓你的胳肢窩，你一定會忍不住而笑起來。
2. 自己撓自己的胳肢窩，你卻不會發笑。

實驗大揭祕

當我們身體脆弱的地方受到外界刺激的時候，我們的身體會本能的反應為受到攻擊或者侵害，然後我們的身體做出反映比如縮成一團保護脆弱的地方，如果有人撓我們癢癢的時候，我們的身體就會感覺很緊張。而我們自己撓自己的身體，我們知道自己可以控制，於是身體是屬於非常舒緩的條件，而不會笑起來。

科學小常識

應激性是指一切生物對外界各種刺激（如光、溫度、聲音、食物、化學物質、機械運動、地心引力等）所發生的反應。應激性是一種動態反應，在比較短的時間內完成。應激性的結果是使生物適應環境，可見它是生物適應性的一種表現形式。

發燒是福還是禍——
健康的祕密

眼睛眨呀眨的奧祕

小紅去醫院做檢查時，醫生讓她張開口檢查口腔健康，又讓她歪一下頭，查看了她的耳朵。然後，醫生又撐開她的眼睛檢查了一番。小紅對醫生看眼睛的說法無法理解，她大聲說：「我眼睛沒毛病啊。」

醫生笑了笑說：「我要看看你的眼睛，才可以知道你的健康狀況是怎麼樣的啊。眼睛沒有異常的話就可以知道一個人的腦部沒有受到損傷，因為眼球是大腦的一部分。從眼睛中就能反映出一個人的健康狀況來。」

聽醫生這麼一說，小紅覺得挺有意思的，趁著沒有別的病人等著看病，小紅就問醫生人為什麼會眨眼睛。醫生告訴她眨眼睛是為了把淚腺分泌出來的淚水均勻地塗在眼球表面，保持眼球的濕潤。另外，淚水並不是只有在哭泣的時候才流出來的，一般情況下我們眼中也存在少量的淚水，有了淚水的潤滑，眼球的轉動才會更加自如。萬一眼淚沒了，眼睛就會乾枯，眼球的轉動也會很吃力的。

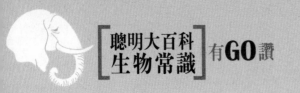

　　淚水還有一個重要的作用就是洗去眼中的灰塵，並殺死進入到眼睛當中的細菌。正是為了把這麼重要的淚水均勻地塗在眼球表面，眼睛才總是會不停眨呀眨的。

　　最後，醫生還告訴小紅，眼睛是由淚水來保持清潔的，所以平時我們大可不必用水來洗，以避免誘發眼病或損傷眼球，眼睛一定要小心保養，隨便觸摸或揉搓都是不可以的！

大腦也要休息

人的身體累就想歇著，人的腦累了也是一樣。

當我們清醒時，我們的腦一刻也沒有停止過工作，從清晨睜開雙眼，模模糊糊地思考自己是不是要起床開始，一直到夜晚進入夢鄉，我們的大腦一秒也沒有停止過工作。走路時，大腦要給雙腿下達行走的命令；身邊有美麗的花朵，大腦不但要透過下達命令看到花朵，而且還要產生看到

美麗花朵後我們所感覺到的美感。上課時，我們要做很難的數學題，把上課時學到的東西背誦下來，這些都要透過大腦的努力。

一刻也不休息的做這麼多事情，人腦該有多累啊！所以我們也要讓腦適當休息。否則它就要「消極罷工」了。

睡眠的時間是大腦進行休息的唯一時間，雖然在睡眠當中腦也在工作，但比起清醒時的工作量是要少很多的。這樣腦就得到充分的休息了，第二天你也能更有精神地工作。

同時在你睡覺的時候，身體也發生了多種變化。身體當中一半以上的毛細血管都關閉了，無需血液供應，這就減輕了心臟供血的負擔，可以讓心臟好好休息一下，同時呼吸次數減少，呼吸運動變緩，也使肺臟輕鬆了許多。

其他的一些器官都可以在睡眠期間進行休息。我們偶爾會在清晨被「凍醒」，其實並不是因為氣溫低，而是因為我們的肌肉都在休息，無法調節身體溫度的緣故。

所以身體所有的器官只有透過睡眠的修整，才可以在我們起床時又充滿活力地開始一天的工作。

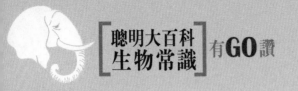

癌細胞的故事

癌，就是惡性腫瘤，是一種可怕的疾病。癌細胞並非身體的外來之物，第一個癌細胞，是由身體裡正常的細胞發生變化而成的。

癌細胞是怎樣產生的？其實，癌細胞也是被逼的，它們原來也是好好的細胞，都是人類不知道珍惜，才把它們變成那個樣子的。輻射、污染，它們在這種環境下只能變成這樣了。

癌細胞的做事能力是普通細胞望塵莫及的。在周圍有其他細胞的情況下，普通的細胞是無法進行分裂的，而癌細胞可就不一樣了，即使周圍有其他細胞，它們也照樣是「子子孫孫，無窮盡矣」。所以它們可以在一眨眼就有成千上萬個子孫後代。

癌細胞們還是自由的旅行家。一般的細胞，一輩子就只能窩在一個地方，生活單調又乏味。例如，肝細胞就只能待在肝裡，骨細胞就只能待在骨頭裡，腦細胞就只能待在腦袋

裡。可是癌細胞就可以不時地四處旅遊，走遍天下，逛遍人體。

癌細胞沿著人體全身的「高速公路」——血管，東瞧瞧，西看看，想去哪裡就去哪裡，想在哪裡安家就在哪裡安家，所以人類都怕它們。

得了胃癌，疼得可不只是胃，它們在胃中的兄弟姐妹也會適當地去別的地方考察考察，琢磨琢磨在其他器官當中多建幾個新家。

儘管人們為了對付它們可謂絞盡腦汁，用遍各種武器，可是它們才不怕呢，因為它們會來個「七十二變」，把人們弄得暈頭轉向，也只有乾著急。而它們仍然像往常一樣做它們的事。

所以，為了自己的健康，就要保護好環境，鍛鍊好身體。這樣，健康的細胞就不會變成猙獰恐怖的癌細胞了。

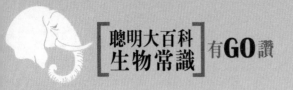
人體免疫的「戰利品」

我們知道，隨地吐痰會對自己以及他人的健康造成危害，但痰並不是健康的敵人。痰的產生是人體呼吸道排汗的結果。

我們在呼吸時，吸入體內的不只有空氣，還有許多灰塵，雖然鼻腔當中的鼻毛可以阻擋灰塵的進入，鼻涕也可以殺死一部分細菌，但畢竟還是有一部分倖免於難的細菌和灰塵通過了鼻腔這一道防線。然後這部分細菌又隨氣流往裡進，當它們到達氣管時，氣管壁上有一層黏黏的液體會把進來的細菌全都抓住，並分泌出一種叫做「溶菌酶」的物質，把它們一網打盡。同時，氣管中的小纖毛就像稻浪一樣做纖毛運動，慢慢將這些髒東西推出來。它們為了氣管的清潔勤奮地工作，據說平均下來，它們每分鐘要運動200多次呢。

清理出來的這些垃圾該如何處理呢？在日常生活中我們都知道是垃圾就應該收集扔掉。而在我們的氣管內，收集這些垃圾的重任就落到了「痰」身上，痰所做的工作就是把清

理的灰塵和被殺死的細菌收集匯合到一起，所以在空氣不太好的地方，我們就會感到喉嚨裡的痰很多。

　　因為「痰」是人體免疫的「戰利品」，裡面含有細菌、病毒等「危險品」，所以才不能隨地吐痰，以免這些細菌再次侵害健康。

能破壞牙齒的「蛀牙」

　　昨晚睡前，小剛的牙疼得厲害，今早就去醫院了。醫生檢查後確定小剛是得了「齲齒」，也就是平常我們所說的「蛀牙、蟲牙」。

　　小剛聽完後就問：「蟲牙？我口裡沒有蟲子啊？」

　　醫生聽完後哈哈大笑，他告訴小剛「蟲牙」並不是指口裡有蟲子。而是指我們的口腔當中生活著許多細菌，這些細菌就利用我們吃過食物的殘渣把我們健康的牙齒變成齲齒

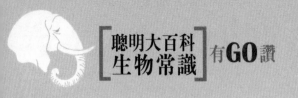
（俗稱蛀牙、蟲牙）的。

每當我們吃飯的時候，就會有食物的殘渣留在牙齒的縫隙當中，如果我們不及時處理，口腔中的細菌開始分解這些食物殘渣，細菌分解之後的產物就是乳酸，這種乳酸會把我們牙齒最外面的那層琺瑯質腐蝕溶解掉，被腐蝕後的琺瑯質上會形成牙洞，這樣一來位於琺瑯質之下的血管和神經就暴露出來了，因此就引發神經刺激和疼痛。

最後醫生告訴小剛，吃過食物後就要趕快刷牙，牙齒刷乾淨了，食物殘渣不見，細菌就沒食物了，蟲牙也就不會有，當然也就不用去可怕的醫院牙科看牙醫了。

小剛聽完後，嚇了一大跳。他想起自己平時老是不喜歡刷牙，沒想到現在得了蟲牙。這確實是怪自己啊！

流汗影響健康嗎

小胖剛剛踢完球，臉上全是汗水，身上的運動衣也濕透了。當他抱著足球想回家時，同學小玲跑過來對他說：「小胖，你怎麼流這麼多汗，這樣對身體很不好……」

小胖聽完後嚇了一跳，他趕忙跑回家問媽媽，媽媽聽完事情經過後笑了。她讓小胖先洗個澡，然後會告訴小胖流汗是怎麼回事。小胖匆忙洗完澡後，就纏著媽媽告訴他流汗的事。

媽媽告訴小胖，人體的汗液裡含有酸、鹼、鹽等物質，汗平時貯存在人體內，當天氣非常熱或人在進行某一種運動的時候，汗就會在腦神經的指使下從汗腺裡跑出來。除了嘴唇等少數地方沒有汗腺外，汗腺幾乎遍佈全身。一個成年人全身就有200萬～500萬個汗毛孔，平均每平方公分有120～130多個，手心、腳心、腋下等部位的汗毛孔更多，達到每平方公分400～600多個。

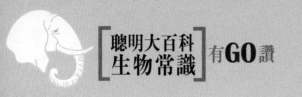
　　這麼多的汗毛孔，都是為流汗做準備的。人們感覺流汗有時多，有時少，有時流的快，有時流的慢。這主要是由氣溫、運動強度、衣著厚薄以及身體健康情況等影響造成的。除此之外，當人們受到某些刺激或感到緊張、害怕、興奮的時候，也會流汗，這並不是什麼不正常的表現。

　　由於情況不同，人體流汗的部位也就不同。當氣溫比較高或激烈運動的時候，汗多半是從手心和腳心排出來的。在冬季氣溫比較低的情況下，人也是會流汗的。

　　人們透過研究發現，即使在常溫下，排出的汗也能占健康人體每天排出水分的四分之一。排汗對人體的健康是至關重要的。身體可以透過流汗的機制調節體溫、調節體液、排泄廢物。由於汗裡含有酸性物質，能使皮膚保持酸性，以防止某些病原體的侵襲。汗還可作為某些疾病的信號，如糖尿病患者是不易流汗的。

　　聽完媽媽的講解，小胖長長地舒了一口氣，原來流汗不僅無害於健康，還對健康十分有利呢。只是如果經常流汗的話，大量的鹽分會隨著汗液流失掉，這就必需多喝一些含有鹽分的水了。

　　小胖決定明天就把這件事告訴小玲。

每個人都會「噗」

$小$　輝經常會在小夥伴們玩得正高興的時候，冷不防的「噗」了一聲，放出一個響屁，為此小夥伴們給他取了一個外號叫「屁王」。

小夥伴們經常這樣叫他，讓小輝感到很丟臉。這天趁著小夥伴們又在院子裡玩的時候，他把自己的苦惱告訴了鄰居王叔叔。王叔叔是個醫生，所以小輝相信王叔叔一定能幫他。

王叔叔聽完後把小夥伴們都召集在一起，給他們講了有關放屁的知識。

王叔叔告訴他們對常人而言，胃腸道內的氣體隨著胃腸的蠕動向下運行，最後自肛門排出稱之為放屁。正常情況下，它是對健康無害的，但在腸黏連、腸扭轉、腸套疊、腸內蛔蟲團等引起腸阻塞，或腹腔內臟器官發生穿孔、炎症及人體缺鉀和酸中毒等導致腸麻痹時，病人就會出現腹痛、腹脹、嘔吐和不能放屁的現象。所以，在醫學上有「一屁值千金」之說。

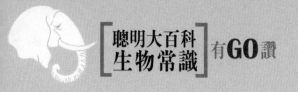

　　醫生在診治患有急性腹痛的病人時，在詢問病情中總是要問是否放屁，以此來診斷有無腸阻塞和腹腔內的疾病。在觀察治療腸阻塞的病人時，同樣以是否放屁作為判斷病人是否已經解除腸阻塞的根據之一。

　　具有普遍意義的是在腹部手術以後，醫生以此來判斷腸道是否通暢。病人在手術後一至兩天內因麻醉藥的作用是無法放屁的。病人在腹部手術後如果能正常地放屁了，證明腸蠕動已恢復正常，可以拔除胃腸減壓管並開始進食了。

　　末了，王叔叔說：「放屁是正常的現象，它還有這麼多的功能呢，你們肯定都會放屁，只是沒有小輝那麼響，或者說是憋著。以後有屁就要放，對健康有好處。如果怕影響別人，就離開人遠一點再放。不要再取笑小輝了，知道了嗎？」

　　「知道了……」

發燒是福還是禍

小蘭因為淋雨而感冒了，媽媽拿出耳溫槍量了一下，38.5⁰C。小蘭害怕極了，因為她曾聽同學小麗說過發燒不好，還會有很多可怕的後果呢。

小蘭越想越怕，最後竟然哭了。媽媽問明白了情況後對小蘭說：「乖，別怕，你感冒是因為有病菌跑到身體裡了，溫度升高會使病菌的活動能力減弱，如果溫度再繼續升高的話，病菌就會死亡，所以你才發燒啊，這是在殺滅細菌。你看媽媽把碗碟或者內衣用沸水煮，就是為了借助高溫殺死細菌啊。」

原來，以病菌為首的有害物質侵入人體後，人體就會自動提高溫度，使病菌無法正常活動，同時體內的白血球也會趕來把病菌清理掉，體溫的升高可以更有利於白血球戰勝病菌。

另外，如果有細菌進入人體，肝臟首先會把細菌最需要的「鐵元素」搜集之後藏起來，細菌找不到食物「鐵元素」，

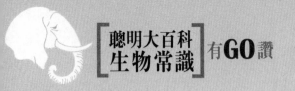

就會沒有力氣，打不起精神和白血球對抗了，最後就會被白血球統統消滅掉。

病菌都被殺死了，體溫也會降低到原來的標準，多餘的熱就需要汗液幫忙帶出體外，這也就是為什麼我們生病之後會出汗的原因。

我們的身體就是在這樣天衣無縫的配合之下，完成所有工作的。出汗發燒並不是什麼壞事，它是有益健康的。有很多人感冒後不用吃藥打針就會好，就是靠著出汗發燒來戰勝細菌的。

我們為什麼要拉便便

　　大早，麗娜就跟媽媽抱怨說：「每天都得上廁所拉便便，耽誤了自己看卡通的時間了，人能不能不用上廁所啊。」

媽媽聽後告訴她如果不上廁所，食物殘渣就不能排出體外，那後果將是很可怕的。

接著媽媽又告訴麗娜糞便的形成可不是一件簡單隨便的事。首先，食物從口裡吃進去，經過牙齒的咀嚼粉碎，並在唾液的作用下進行簡單的消化，之後攪拌著唾液的食物團由食道向下，緩慢滑到胃中。等食物進入到胃裡後，胃就開始分泌各種消化液來消化食物。食物一般在胃中停留3~4小時，並被胃消化成糊狀後，就把這些食物一點一點地送入小腸。

等食物進入小腸後，小腸又分泌多種消化液，有可以分解蛋白質的肽酶，有可以消化脂肪的脂肪酶，有可以分解糖分的麥芽糖酶等多種消化液。但是這些消化液並不全都來自於小腸，肝臟和胰臟也分泌大量的消化液來幫助小腸。食物經消化溶解後，由大約500萬個小腸絨毛對分解出的營養進行吸收。因此食物中的營養大部分都是在小腸中被吸收的，經過了小腸的消化吸收，食物基本只剩下了殘渣。

雖然僅剩下殘渣，但「食物」還是接著被送入大腸進一步消化，大腸對食物殘渣當中的水分進行重新吸收。如果大腸不把消化殘渣中的水吸收乾淨的話，恐怕我們每次上廁所都要拉肚子了。

營養和水分都被吸收乾淨了的食物就這樣變成了真正的大便，逐漸沉積在大腸末端，等到了一定的時候，便會被排

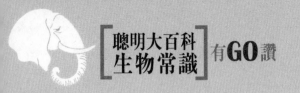

出體外。如果不排便的話，就會有生命危險。

　　麗娜聽完後，不由自主地點了點頭。原來糞便還有這麼大學問啊。

鼻涕也是英勇的戰士

　　一天，嘴唇和鼻子在嘲笑口水和鼻涕，只聽見它們倆異口同聲地說：「你們倆又醜又髒，怎麼配的上和我們在一起呢？」

　　鼻涕和口水聽了後默不作聲。嘴唇和鼻子生氣了，就想把口水和鼻涕趕出去。正在這時，舌頭聽見了它們的吵鬧聲，然後舌頭就出來勸架。

　　舌頭讓嘴唇和鼻子不要嘲笑污濁的鼻涕和口水，因為他們都是出色的人體戰士。例如，鼻涕可以溶解我們在呼吸時吸入的細菌。大家在感冒時都會流鼻涕，那就是體內包括鼻

涕在內的士兵戰勝了引起感冒的病菌，並把被打敗的病菌清理出體外的過程。而進入到嘴巴裡的細菌同樣會遇到唾液和眼淚的阻擊，不管是唾液，還是鼻涕，其中都含有一種叫做「溶菌酶」的物質，當然，眼淚中也有。它可以有效地殺死細菌，但並不能殺死所有的細菌。

另外，舌頭還告訴他們一點，那就是如果有唾液、眼淚、鼻涕全都無法阻擋的病菌，我們身體裡還有可以阻擋外敵入侵的強大軍隊，這支軍隊每天都在為了保衛我們的身體進行著戰爭，它們就是白血球。

一旦有細菌侵入體內，白血球就立即與它們作戰，先是把細菌抓住，讓它們動彈不得，然後再一點一點的把它們吃掉，據說白血球當中還有一種可以吞噬超過100萬個細菌的大塊頭呢。

除此以外，我們體內還有一種叫做「免疫」的防禦系統，有時身體在生過一次病以後，再也不會得相同的疾病，這就是我們的身體對這種疾病產生了免疫力的緣故。免疫力就是我們的身體記住了引起我們身體疾病的病菌，並製造出了可以抵抗這種細菌的抗體。

我們在學校或醫院所打的預防針，就是為了讓我們的身體製造出某種疾病的抗體。

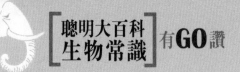

【實驗一】　自己製作動畫片

想自己製作動畫片嗎，那就開始下面的這個實驗吧！

需要的材料

一本新書，鉛筆

實驗步驟

1. 取出書本，打開其中的一頁，在右上角畫出一個人物。然後下一頁右上角畫上這個人物的下一步動作。以此類推，直到畫上二十多頁為止。

2. 合上書本，掀開右上角，向下翻動，你會發現人物一個動作接一個動作按照你的意圖做了下去，連貫的像動畫片一樣。

實驗大揭祕

人的眼睛會產生視覺暫停，前一刻看到的圖畫還留在腦中，後一刻又馬上見到了下一張圖畫，於是會將兩者結合起來，形成了連貫的動畫。

科學小常識

當人眼在觀察景物時，景物發出的光信號傳遞到大腦，信號傳遞過程需要一定時間，光的作用結束後，視覺形象並不會立即消失，我們把這種殘留的視覺稱「後像」，而把視覺的這一現象則被稱為「視覺暫留」。

視覺暫留現象首先被中國人發現，走馬燈便是據歷史記載中最早的視覺暫留運用。宋時已有走馬燈，當時稱「馬騎燈」。

隨後法國人保羅・羅蓋在1828年發明了留影盤，它是一個被繩子在兩面穿過的圓盤。盤的一個面畫了一隻鳥，另一面畫了一個空籠子。當圓盤旋轉時，鳥在籠子裡出現了。這證明了當眼睛看到一系列圖像時，它一次保留一個圖像。當物體移去時，視神經對物體的印象不會立即消失，而要延續0.1～0.4秒的時間，人眼的這種性質被稱為「眼睛的視覺暫留」。

【實驗二】 和喝醉一樣

喝醉了的人走路總是東倒西歪的，我們不喝酒，也能嘗試一下這種感覺。

需要的材料

椅子

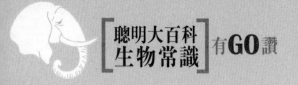
實驗步驟

1. 將椅子放在空地裡。
2. 彎下腰手扶著椅子，圍著椅子轉上10圈。鬆手後筆直向前走去，實際上卻是在彎彎曲曲地行走。

實驗大揭祕

　　你閉上眼睛卻可以知道自己的姿勢和動作，是因為你的耳朵內有某個器官內含有液體，下面有突觸，只要你的身體動，液體也動，跟著突觸也隨液體動，這樣，突觸傳送電波給大腦，你就知道你的方位。

　　人轉圈以後，裡面的液體的流動速度加快，突觸也隨著動，傳送的腦電波跟不上你轉圈的速度，大腦便判斷不清你的方位，這就是轉圈後無法筆直向前走的原因。

科學小常識

　　維持姿勢和平衡有關的內耳感受裝置，包括橢圓囊、球囊和三個半規管。半規管是人和脊椎動物內耳迷路的組成部分，為三個互相垂直的半圓形小管。可分骨半規管和膜半規管。不論骨半規管和膜半規管，均可分為上半規管、後半規管和外半規管。

　　膜半規管內外充滿淋巴。半規管一端稍膨大處有位覺感受器，能感受旋轉運動的刺激，透過它引起運動感覺和姿勢

反射，以維持運動時身體的平衡。為什麼人剛好有三個半規管呢？因為人活在立體空間之內，可以有前後、左右、上下三種互相垂直的運動方向，所以必須有三根互相垂直的半規管才能全部監控。

【實驗三】 骨頭蝴蝶結

骨頭給我們的感覺是很堅固和脆，你會用骨頭製作蝴蝶結嗎？

需要的材料

雞骨頭，醋，玻璃杯

實驗步驟

1. 在杯子中倒入醋，然後將2根雞骨頭放入杯子中。
2. 浸泡2天以後，取出骨頭，發現骨頭已經非常柔軟了，這個時候就可以把骨頭打上一個蝴蝶結了。

實驗大揭祕

骨頭含有含碳化合物，這種化合物使得骨頭非常的堅硬，醋是一種酸性物質，於是可以和骨頭反應產生一種可溶性物質，這種物質溶解在醋中，剩下的就是骨頭中非常柔軟的成分了。

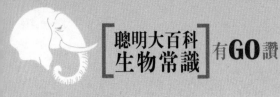
科學小常識

　　骨骼在進化過程中，其防護功能與支撐功能互相結合，例如無脊椎動物外骨骼既是支撐系統，又是防護系統。脊椎動物骨骼為內骨骼。主要功能是支撐，其防護功能讓位於皮膚。絕大多數無脊椎動物的骨骼位於體外，即外骨骼。

　　動物的外骨骼體制既有它的優越性，也有其限制性，外骨骼體制的優越性在於支撐、運動、防護三項功能緊密結合。外骨骼體制的限制性也很明顯，例如：

（1）防護功能與運動功能之間的衝突。

（2）生長的限制。

（3）呼吸的限制。

大自然的獵人——
跟生物學家一起探祕

雨水裡的「小居民」

荷蘭科學家列文・虎克在青少年時代就對生物學非常感興趣，他覺得生物世界奧妙無窮，有一種巨大的魅力讓他著迷。因此雖然家境貧苦，他依然邊工作邊學習知識。

1665年，虎克終於自己研製出了第一台顯微鏡，這是世界上第一台顯微鏡，也是虎克的一張走向微觀世界的通行證。虎克用顯微鏡觀察一些肉眼很難看清楚的東西，比如，蒼蠅的翅膀、蜘蛛的腳爪、羊毛的纖維。微觀世界的精采令他興奮不已，他不停地觀察，不停地記錄。

1675年的一天，忽然下起了滂沱大雨，狹小的實驗室又黑又悶，虎克無法再待在顯微鏡下觀察了，便站在屋簷下，眺望從天飛落的雨水。忽然，他萌生了一個念頭：雨水是什麼樣子，它裡面是不是還有什麼東西？

於是，他用吸管在水塘裡取了一管雨水，滴了一滴在顯微鏡下，進行觀察。

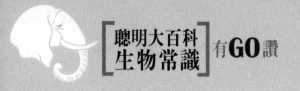

　　「雨水怎麼會活？」列文・虎克不禁大叫起來。原來，他看到雨水裡有無數奇形怪狀的小東西在蠕動。起初他十分驚駭，就連忙大聲呼喚自己的女兒，女兒聽到父親的喊叫聲，以為實驗室裡發生了什麼意外的事，於是直奔實驗室。

　　「我給你看個東西。」虎克指了指顯微鏡。女兒湊到顯微鏡跟前一看，驚訝的叫道：「哎呀，這是什麼東西啊？跟童話裡的『小人國』一樣。」

　　「是啊，確實太不可思議了。」虎克陷入了沉思，「這些『小人國』裡的『居民』是從哪裡來的呢，天上嗎？」

　　虎克並沒有放棄對這個問題的探索，他叫女兒用乾淨的杯子到外面接了半杯雨水，然後取出一滴，放在顯微鏡下，結果沒有看到什麼東西。可是，過幾天再觀察，杯子裡的雨水又有「小居民」了。因此，虎克得出結論：這些「小居民」不是來自天上的。

　　自從在雨水裡發現「小居民」後，虎克又轉向研究其他東西，他想其他東西中是否也存這樣的「小居民」呢？他將別人的牙齒縫中的牙垢取下來，經稀釋之後，放在顯微鏡下，結果同樣看到了「小居民」；他又將泥土取來，照樣透過稀釋後放在顯微鏡下，結果也看到了「小居民」。列文・虎克將這些實驗記錄，寫成實驗報告，寄給了英國皇家學會。

　　但是絕大多數的科學家對虎克的報告持懷疑的態度。幸

虧，英國皇家學會具有嚴格地收驗科技成果的法規，這些法規不允許草率地將這篇文章束之高閣。

於是，英國皇家學會組織了由12名學術權威組成的考察團。他們乘船渡過北海，來到虎克的家鄉——荷蘭的德爾夫特。

在虎克家，科學家們在虎克自製的顯微鏡下，觀察到了水中的「小居民」。他們激動萬分，紛紛稱讚虎克的發現「具有里程碑的意義」。考察結束後，他們向英國皇家學會提交了書面報告，報告稱：「虎克在他的小實驗室裡創造了奇蹟！」

虎克發現的「小居民」就是後來人們所說的細菌。他的這一發現，打開了微觀世界的一扇視窗，開創了微生物學這一全新的領域。透過這扇視窗，人們就可以看到一個神奇的微觀世界。

1680年，虎克被選為英國皇家學會會員。這是對他20年來刻苦鑽研的最好褒獎。

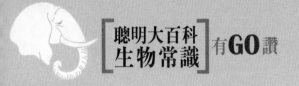
巴斯德的狂犬病研究室與病毒發現

19世紀80年代，巴斯德開始研究征服狂犬病的方法，經過反覆實驗後，他製成了一種疫苗。隨後，他牽了兩隻狗，先讓瘋狗把這兩隻狗咬傷，然後對其中一隻用特殊的方法注射疫苗，另一隻不採取任何措施。結果，那隻沒採取措施的狗得了狂犬病死了，而注射疫苗的狗卻躲過了鬼門關。巴斯德由此得出了結論，免疫注射法對已被瘋狗咬傷的狗同樣有效。1885年，巴斯德在狗身上進行的狂犬病免疫治療的報告受到廣泛的好評，但由於治療過程中要用到有毒性的脊髓，考慮到人命關天，巴斯德一直不敢在人身上做試驗。但是，終於有一天，形勢迫使他不得不下決心把這種疫苗用到人身上。

1885年7月的一天，巴斯德的實驗室來了一位可憐的遠方小客人墨斯特，他是在上學途中被瘋狗咬傷的。他的父母

急得暈頭轉向，四處求醫都沒有結果。他們懷著最後一線希望，來到巴斯德處治療。巴斯德透過檢查後確認墨斯特已感染狂犬病原。假如對他進行注射疫苗的治療，他就有死裡逃生的可能，否則，他就只能等死。

當晚，巴斯德決定給墨斯特注射用乾燥了14天的脊髓製作的疫苗，第二天注射13天的，然後是12天的、11天的，共注射了14次。巴斯德詳細觀察和記錄了墨斯特的病情。治療終於獲得了成功，墨斯特戰勝了死神，又回到了學校。墨斯特長大以後，為了報答巴斯德的救命之恩，主動要求到巴斯德研究所做一名看門人。

幾個月後，又有一個年輕的牧羊人因為被瘋狗咬傷而求助於巴斯德，治療再次取得了成功。世界都在為巴斯德歡呼，世界各地的患者像潮水一樣湧入他的實驗室請求治療。報紙和公眾都懷著強烈的興趣，關注著每一次治療的進展。基於這項研究成果，他在政府和公眾的幫助下籌款建立了巴斯德研究所。研究所的私人捐贈來自世界各地，捐贈者中甚至包括俄國沙皇，土耳其、蘇丹和巴西皇帝。

在研究狂犬病的過程中，巴斯德還有一項意外的發現。因為他想盡了辦法都無法用顯微鏡找到引起這種狂犬病的病原微生物，也無法用一般培養細菌的培養基來培養它，這激起了他追根究柢的決心。透過仔細研究，他發現這是一種比

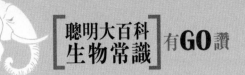
細菌更小，能通過細菌篩檢程式的微小生命。這種生命後來被稱作病毒，巴斯德也因此成為第一個發現病毒的人。

佛萊明發明青黴素

當我們感冒發燒需要輸液時，醫生會在輸液前在我們手臂上做皮膚試驗，以此確定我們是否對青黴素過敏。別小看瓶子裡的那一小簇白色的粉末，它就是殺滅病菌的靈丹妙藥青黴素（英文音譯又稱盤尼西林）。青黴素的發現也是一個很長的過程。

中國在2500年以前，就有人用豆腐上的黴來醫治癰、癤等疾患。在歐洲的希臘、塞爾維亞，古代也曾把發了黴的麵包放在化膿的傷口上，用來消炎。可見，在古代人們就知道用青黴素消炎了。

許許多多國家的醫生們早就知道了青黴能夠殺菌，但對

青黴素為什麼能夠殺菌卻一直都不明白，直到1929年，這個問題才第一次被佛萊明弄清楚。佛萊明也以青黴素的發現者而載入史冊，於1945年獲得諾貝爾生理學和醫學獎。

第一次世界大戰後，佛萊明全心致力於研究殺死葡萄球菌的藥物，即能殺死使傷口感染發生危險的病菌的藥物。佛萊明的實驗中，一直用幾十隻培養皿中培養著葡萄球菌，這是他做藥物試驗的對象。每天他照例要把幾十隻培養皿中的培養物觀察一遍，看葡萄球的生成情況，看使用某種藥物之後有無效果。一天早上，費萊明發現有一個培養皿中培養的葡萄球菌被青黴菌污染了。遇到這種情況，就需要把被污染的培養物倒掉，重新進行培養。但是，這一被青黴菌污染的培養物，佛萊明卻沒有馬上倒掉。他發現在那個青黴菌斑點的周圍，有一個透明的區域。內行人都知道，這是由於培養的葡萄球菌已被殺死了。

佛萊明一下子興奮起來：難道是青黴菌可以殺死葡萄球菌？我不是正要尋找殺死葡萄球菌的藥物嗎？天賜良機，不可錯過！這可真是「踏破鐵鞋無覓處，得來全不費工夫」。隨後很長一段時間，佛萊明集中精力研究青黴菌的抗菌作用。1939年，佛萊明分離出最早的抗生素——短桿菌素（又名杜波克酶）。同一年，弗洛里和蔡恩在牛津成功地析出當作鈉鹽的青黴素。1945年的諾貝爾獎，授予了對研製青黴素

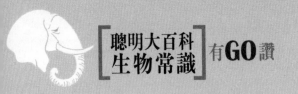
做出最重要貢獻的三個人：佛萊明、蔡恩、佛洛雷。

　　佛萊明在頒獎儀式上致辭時說：「青黴素的發現是一個機遇，我的功績在於沒有忽略這一發現，並且繼續追蹤研究它，這是我作一個細菌學工作者多年追求的目標。」

　　有人反對佛萊明是靠機遇發現了青黴素的說法。他們說：在佛萊明之前就有人遇到了培養葡萄球菌被青黴菌污染的情況，但是並沒有因此發現青黴素。機遇偏愛有準備的頭腦。佛萊明能發現青黴素，靠的是他有敏銳的判斷力，並有抓住任何可能的機會深入研究的精神。

「玉米夫人」的偉大實驗

　　1983年10月10日，美國遺傳學家芭芭拉・麥克林托克榮獲諾貝爾生理學、醫學獎。那年，她81歲。

麥克林托克獲獎，是因為她發現了玉米中的「轉位因

子」，現在被人們稱譽為「當代遺傳學上的第二個大發現」。其實，麥克林托克早在40年前便已經發現了「轉位因子」。經過了漫長的歲月，她的成就才獲得科學界的公認！

麥克林托克在美國康乃爾大學獲得博士學位以後，便到紐約冷泉港（又稱「科德斯普林港」）的實驗室裡工作。那座實驗室坐落在森林之中。在那裡，她親自在實驗室附近的試驗田裡種玉米，年復一年地從事玉米雜交試驗，研究玉米的遺傳規律。由於她一生與玉米相伴，人們幽默地稱她為「玉米夫人」。

在1932年，她年方30時就已經發現黃色籽粒的玉米的後代未必是黃色的，紫色籽粒的玉米的後代未必是紫色的。對於這一現象，她進行了深入研究。因為玉米一年只能收穫一茬，所以她只能年復一年地播種、試驗、觀察，後來她發覺傳統的「基因理論」，不能解釋玉米籽粒顏色遺傳的不穩定現象。經過大量試驗證明後，到了四〇年代，麥克林托克提出了「轉位因子」這一嶄新概念。她以為，遺傳基因是可以轉移的。在1947年，她已明確指出，有的遺傳基因可以自動地從染色體的某一個位置，轉移到另一個位置。這麼來，玉米籽粒的顏色就改變了。

1951年，麥克林托克在學術會議上，作了關於「轉位因子」的報告，還公開發表了論文。遺憾的是，當時的人們對

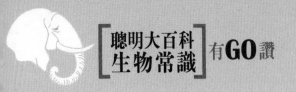

此不以為然，甚至有的人還懷疑、嘲笑她。

麥克林托克並未就此甘休，她仍然在自己的試驗田裡，認認真真地從事研究。終於從1981年起，麥克林托克長達半個世紀的研究工作，引起世界的注意。這年年底，她同時獲得三項科學獎金。緊接著在1983年，她又獲得了科學界的最高榮譽——諾貝爾獎。

當榮譽和金錢接踵而至時，我們的「玉米夫人」卻說：「我不在乎金錢，我不喜歡聚積個人財物。我不喜歡宣揚。我不喜歡人多。我想的只是退隱到實驗室裡一個安靜的地方，繼續進行我的科學研究。」

一貧如洗的拉馬克

從古至今，很多人都在思考一個問題：地球上有著眾多的生物，動物或者植物都有繁多的種類，不

同種類的差別是怎麼造成的？人是怎樣產生的？

　　1809年，法國生物學家拉馬克出版了《動物學哲學》一書，大膽鮮明地提出了生物是從低級向高級發展進化的學說。可以說，是他第一個有系統地提出了唯物主義的生物進化的理論，他是進化思想的真正先驅。

　　1744年8月1日，拉馬克出生於法國南部的一個村莊，他的家庭有著一個世紀服兵役的傳統，家裡有11個孩子，他是最小的。他的父親和幾個哥哥都是士兵。1756年，小拉馬克進入亞眠的耶穌神學院學習。但在他的父親去世後，拉馬克被征入軍隊，1761年夏天隨軍隊進入德國。在第一次戰鬥中，他由於表現勇敢被提升為軍官。在1763年和平降臨後，拉馬克在法國南部的駐軍中又待了五年。一次意外的負傷使他離開了軍隊。在做了一段時間的銀行職員後，拉馬克開始研究醫學和植物學，很快就成為這方面的專家。

　　1778年他關於法國植物的一本書出版，並獲得了一片讚譽之聲。依靠這本書獲得的聲譽，拉馬克被任命為皇家植物園的助理植物學家，拉馬克一直是個報酬很低的助理，生活貧困，有時還得為保住飯碗而奔波。1793年，植物園改組為國家自然史博物館，由12位教授分別負責12個不同的科學領域。拉馬克在改組中被任命為教授，負責昆蟲和蠕蟲的研究，對於這個領域他一無所知。

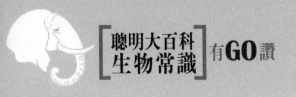

　　雖然博物館裡的教授名義上是平等的，「昆蟲及蠕蟲」教授之職卻明顯聲望最低。「無脊椎動物」一詞在當時還沒出現，在拉馬克的潛心研究下，低等動物被改稱為無脊椎動物，沿用至今，是拉馬克創造了這一名詞。

　　無脊椎動物數目龐大、分支眾多，拉馬克接受了巨大的研究挑戰，發表了一系列關於無脊椎動物學和古生物學的書籍，他在無脊椎動物領域裡的工作明顯提高了當時的分類水準：他第一次從昆蟲類中分出來甲殼類、蛛形類和環蟲類；他對軟體動物的分類遠超前人，他創立了生物學中的一個新領域。

　　拉馬克一生都在極度貧困中度過，儘管他寫出了一系列重要的科學著作，卻沒有得到什麼報酬，晚年境遇更是淒涼。1818年，他雙目失明，此後的時光是在黑暗中度過的，但科研工作仍未停止。他靠兩個女兒收集資料，念給他聽，他思考後再做口述，女兒做記錄，繼續進行七卷巨著《無脊椎動物的自然歷史》一書的寫作。這時候，他們住的房子已是破爛不堪，他們又無力修整。

　　拉馬克死後，他的兩個女兒買不起墓地，只能先租用五年的墓地。五年到期後，這位偉大學者的遺骨被挖掘出來，以致後人再也找不到他的墳墓來表示敬意了。

進化論的奠基人

達爾文既是出類拔萃的人，又是普通的人。當有人提出要達爾文寫一份自傳時，達爾文作了一個著名的答覆，他說：「我先是學習，爾後是環球旅行，然後又是學習，這就是我的自傳。」

1809年2月12日，達爾文出生在英國塞文河畔的希魯茲伯里小鎮上。他的父親羅伯特‧達爾文是當地名醫。他的祖父伊拉茲馬列斯‧達爾文也是位名醫，對於生物學的研究極有興趣，並且還是個提倡生物進化觀念的先驅者。

達爾文可能受他祖父的影響，從小愛好自然。16歲那年，達爾文和他哥哥一起進愛丁堡大學學習醫學。但是，他對醫學毫無興趣，只讀了兩年就轉學了。

在那兩年裡，他自己研究動植物學，和幾個志同道合的青年經常去潮水退去的沙灘上揀取動物，有時候就一起進行解剖。在暑假裡，達爾文和朋友們去旅行和打獵，使他進一步學會了觀察和搜集動植物的本領。

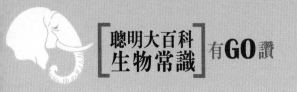

　　達爾文的父親不瞭解自己的兒子，認為他不好好學醫將來一事無成，會給家裡丟臉，就讓他進了劍橋大學基督學院，改學神學，希望他將來成為一個「尊貴的牧師」。達爾文對神學院的神創論等謬說十分厭煩，他仍然把大部分時間用在聽自然科學講座，自學大量的自然科學書籍，熱衷於收集甲蟲等動植物標本，對神祕的大自然充滿了興趣。

　　在劍橋大學期間，他巧遇「伯樂」──有名的植物學教授亨斯洛。亨斯洛精通植物學、昆蟲學、化學、礦物學和地質學，長期不斷地觀察和研究自然。達爾文在他的幫助和指導下，成長為一個真正的自然科學家。

　　1831年，達爾文從劍橋大學畢業。他放棄了待遇優厚的牧師職業，依然熱衷於自己的自然科學研究。這年12月，英國政府組織了「貝格爾」號軍艦的環球考察，達爾文經人推薦，以「博物學家」的身份，自費搭船，開始了漫長而又艱苦的環球考察活動。

　　達爾文每到一地總要進行認真的考察研究，採訪當地的居民，有時請他們當嚮導，跋山涉水，採集礦物和動植物標本，挖掘生物化石，發現了許多沒有記載的新物種。他白天收集殼類岩石標本、動物化石，晚上又忙著記錄收集經過。

　　在考察過程中，達爾文根據物種的變化，整日思考著一

個問題：自然界的奇花異樹、人類動物究竟是怎麼產生的？他們為什麼會千變萬化？彼此之間有什麼聯繫？他逐漸對神創論和物種不變論產生了懷疑。

1832年2月底，「貝格爾」號到達巴西，達爾文上岸考察，向船長提出要攀登南美洲的安第斯山。當他們爬到海拔4000多米的高山上時，達爾文意外地在山頂上發現了貝殼化石。達爾文非常驚訝，他心想：「海底的貝殼怎麼會跑到高山上了呢？」

經過反覆思索，他終於明白了地殼升降的道理。達爾文腦海中一陣翻騰，對自己的猜想有了更進一步的認識：「物種不是一成不變的，而是隨著客觀條件的不同而相應變異。」

後來，達爾文又隨船橫渡太平洋，經過澳大利亞，越過印度洋，繞過好望角，於1836年10月回到英國。在歷時五年的環球考察中，達爾文積累了大量的資料。

1859年11月，達爾文經過20多年研究而寫成的科學巨著《物種起源》終於出版了。在這部書裡，達爾文旗幟鮮明地提出了「進化論」的思想，說明物種是在不斷的變化之中，是由低級到高級，由簡單到複雜地演變的。

《物種起源》是達爾文進化論的代表作，標誌著進化論的正式確立。該書出版震憾當時的學術界，成為生物學史上的一個轉捩點。

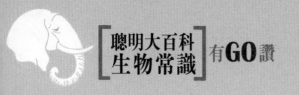
　　1882年4月19日，這位偉大的科學家因病逝世，人們把他的遺體安葬在牛頓的墓旁，以表達對這位科學家的敬仰之情。

從神父到科學家

　　「種瓜得瓜，種豆得豆」，人們都知道這是遺傳。
　　是誰揭開了遺傳的祕密呢？他便是奧地利遺傳學家孟德爾。

　　1822年，孟德爾生於當時奧地利西里西亞德語區一個貧窮的農民家庭。他幼年名叫約翰‧孟德爾，是家中五個孩子中唯一的男孩。他的故鄉素有「多瑙河之花」的美稱，村裡的人都愛好園藝。1832年的一天，10歲的約翰正忙著幫助父親嫁接果樹。父親是果樹栽培嫁接方面的行家，附近的村民們經常向他請教。約翰從小就在父親影響下對果樹嫁接產生

了濃厚的興趣。

一次小約翰問父親：「爸爸，我們把一枚小小的良種接穗，嫁接到劣種砧木上，這顆植物的全部養分都是由劣種砧木提供的，為什麼仍能結出香甜的果實？」

「孩子，我也不知道為什麼，可能是因為樹木的本性比養料的作用更大吧！」父親力盡所能地回答了約翰的問題。小約翰默默地聽著，陷入了沉思：一定要明白這其中的原因。

後來，為了以後能成為牧師，孟德爾在布爾諾大學學習神學。1847年，他被授予牧師聖職。他在學習神學的同時，經常去聽農業、水果和葡萄種植課，還在修道院的園子裡進行農作物的試驗。

1856年，孟德爾開始進行他的著名的植物育種實驗。孟德爾首先從許多種子商那裡，要來了34個不同品種的豌豆，再從中挑選出22個品種用於實驗。它們都具有某種可以相互區分的穩定性狀，例如高莖或矮莖、圓科或皺科、灰色種皮或白色種皮等。

孟德爾透過人工培植這些豌豆，對不同代的豌豆的性狀和數目進行細緻入微的觀察、計數和分析。運用這樣的實驗方法需要極大的耐心和嚴謹的態度。他酷愛自己的研究工作，經常向前來參觀的客人指著豌豆十分自豪地說：「這些都是我的兒女！」

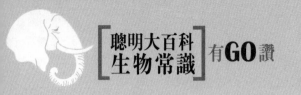

　　經過8個寒暑的辛勤勞作，孟德爾發現了生物遺傳的基本規律，並得到了相應的數學關係式。它們揭開了生物遺傳奧祕的基本規律。孟德爾的遺傳基本定律就是新遺傳學的起點，孟德爾也因此被後人稱為現代遺傳學的奠基人。

　　可是，偉大的孟德爾思維和實驗太超前了。孟德爾用心血澆灌的豌豆所告訴他的祕密，時人多不能理解，在孟德爾還活著的時候，他的遺傳法則只被六位科學家相信。

　　1868年，孟德爾被任命為修道院的院長。從那時起，行政的職責使得他沒有什麼時間繼續做植物實驗。1883年他罹患了腎臟病和心臟病，於1884年1月6日逝世，有數千人為他送葬，大家為失去這樣一位和藹可親和樂於助人的院長而悲傷，但誰也不瞭解他做出的偉大科學貢獻，他那光輝的研究成果幾乎被世人遺忘，他從未得到過任何承認。

　　直到1900年，來自三個國家的三位科學家各自獨立工作，卻都意外地發現了孟德爾的文章，用自己的實驗結果證實了孟德爾的結論。

　　到了年底，孟德爾得到了他有生之年就應該得到的祝賀和重視。從此，遺傳學進入了孟德爾時代。

果蠅裡發現的祕密

在現代生物學發展史上，曾有多名生物遺傳學家獲得諾貝爾生理學和醫學獎，而美國的摩爾根則是獲此項殊榮的第一位遺傳學家。

摩爾根1866年9月25日生於美國肯塔基州帕薩登那。1886年，摩爾根以最優異的成績獲得了動物學學士的學位。自1904年到1928年，他是哥倫比亞大學動物學系的一員，隨後受委任到加利福尼亞工藝學院建立了生物學專業。此後他一直留在加州工藝學院，積極從事科研和管理工作，直到1945年，由於一場疾病，死在那裡。

摩爾根在遺傳學實驗中主要是以果蠅為實驗材料，作為實驗動物，果蠅有很多優點。首先是飼養容易，用一只牛奶瓶，放一些搗爛的香蕉，就可以飼養數百甚至上千隻果蠅。其次是繁殖快，在25°C左右溫度下十幾天就繁殖一代，一隻雌果蠅一代能繁殖數百隻。每一次實驗，摩爾根都能培養成千上萬隻果蠅。果蠅給摩爾根的研究帶來巨大的成功，以致

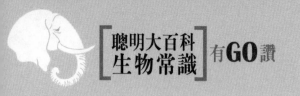
後來有人說：「上帝為了摩爾根才創造了這種果蠅。」

大約在1910年5月，摩爾根又培養了一大群果蠅，突然，他在一群紅眼果蠅中發現了一隻白眼果蠅。「紅眼果蠅中怎麼會有白眼果蠅呢？」

摩爾根感到好奇。這時摩爾根家裡正好添了第三個孩子，當他去醫院見他妻子時，他妻子的第一句話就是：「那隻白眼雄果蠅怎麼樣了？」

他的第三個孩子長得很好，而那隻白眼雄果蠅卻長得十分虛弱，摩爾根把它帶回家中，讓它睡在床邊的一只瓶子裡，白天把它帶回實驗室。不久他把這隻果蠅與另一隻紅眼雌果蠅進行交配，在下一代果蠅中產生了全是紅眼的果蠅，一共是1240隻。

後來，摩爾根讓一隻白眼雌果蠅與另一隻正常的紅眼雄果蠅交配，卻在其後代中得到一半是紅眼、一半是白眼的雄果蠅，而雌果蠅卻沒有白眼，全部雌果蠅都長有正常的紅眼睛。這說明，決定白眼的基因與決定性別的基因是聯繫在一起的。由於實驗已經證明性別是由染色體決定的，因此，白眼基因也一定在染色體內。

哈哈！這可是一項重要發現，這是染色體作為基因載體所獲得的第一個實驗證據。

就這樣，摩爾根和他的學生們經過幾十年的努力，終於

建立了基因遺傳學說，遺傳學因此成為20世紀最為活躍的研究領域之一，摩爾根也獲得了「現代遺傳學之父」的美譽，並於1933年獲諾貝爾生理學及醫學獎。

偷盜屍體的醫學家

維薩里是著名的醫生和解剖學家，近代人體解剖學的創始人，與哥白尼齊名，是科學革命的兩大代表人物之一。

1514年12月31日，維薩里生於布魯塞爾的一個醫學世家，維薩里從幼年時代就立下了當一個醫生的志向。

在維薩里那個時代，歐洲人在解剖學上普遍迷信蓋倫的學說，蓋倫的著作仍被奉為經典。蓋倫是西元2世紀羅馬帝國的一位著名醫生，是羅馬皇帝的御醫，蓋倫的著作代表了他那個時代醫學和解剖學的最高水準。但由於當時禁止解剖

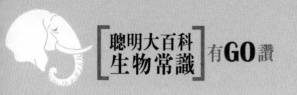
人體，蓋倫關於人體解剖的論述很多是根據解剖猴子等高等動物得來的，所以有很多錯誤。

當時在大學的講堂上，教授們因循守舊地講述著蓋倫的解剖學教材。教學過程中，雖然也配合一些實驗課，但是實驗課都是由雇用的劊子手等擔任的。解剖的材料只是狗或猴子等動物屍體。再加上教授們的講課與實驗毫無聯繫，又不准學生們親自動手操作，所以講課和實驗嚴重脫節，而且錯誤百出。在這種情況下，教授們還是寧肯信奉蓋倫的錯誤結論，也不願用實驗事實糾正其錯誤之處。

年輕的維薩里面對這種現象極為不滿。為了揭開人體構造的奧祕，維薩里常與幾個比較要好的同學在嚴寒的冬夜，悄悄地溜出校門，來到郊外無主墳地盜取殘骨；或在盛夏的夜晚，偷偷地來到絞刑架下，盜取罪犯的遺屍。他不顧嚴寒酷暑以及腐爛屍體的臭氣，把被抓、被殺的危險置之度外，只是為了尋求真理而努力工作。他把所得到的每一塊骨頭視若珍寶，精心地包好帶回學校。回來後，他又在微弱的燭光下徹夜觀察，直到真正明白為止。

維薩里的這種唯物主義的治學方法和解剖學的成就，觸犯了傳統觀念，衝擊了校方的陳規戒律，引起了守舊派的仇恨和攻擊。學校當局不但不批准他考取學位，而且還將他開除了學籍。

　　後來，他有機會在威尼斯共和國帕多瓦大學任教，並於1537年12月6日獲得博士學位。不久，他就成為這所大學的解剖學教授。

　　在教學上維薩里是個革命者，他講課不是像別的教授那樣，坐在高高的講台上宣讀蓋倫的教條，而是邊解剖邊講述，又動口又動手，以客觀實際為依據，讓學生學到真正的知識。他的講課方式贏得了學生的喜愛，課堂上人總是擠得滿滿的。

　　1540年，維薩里裝配了一副完整的猿猴骨骼系統和一副完整的人的骨骼系統，在帕多瓦大學進行了一次有轟動效應的講演。

　　單就骨骼系統，他就指出了蓋倫著作中的二百多處錯誤，都是把猿猴的情況當作了人的情況。他一邊講述，一邊指著那兩副骨骼系統演示，給聽者留下了不可磨滅的印象。1543年，維薩里的《人體構造》一書出版，吹響了近代科學革命的號角。

　　為了躲避解剖學界的大肆攻擊和可能受到的迫害，維薩里離開了大學，到西班牙做皇帝御醫。由於他醫術高明，深得西班牙王室的信任，被封為伯爵。然而維薩里的仇敵和宗教裁判所沒有放過他，1563年他被送上宗教法庭，以散佈異端觀點和殺人罪（說他解剖過尚未死亡的病人）判他死刑。

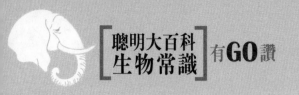

西班牙菲力浦二世赦免了維薩里的死罪，命他去耶路撒冷朝聖贖罪。維薩里死於朝聖途中，死因不明。有人說他是因為船破而遇難於地中海，也有人說是被暗殺。

人們會永遠記住這位近代科學革命的先驅。

命運的螺旋

1953年4月25日出版的英國《自然》雜誌第171期，刊登了沃森和克里克合作寫出的一篇論文——《核酸的分子結構》，提出了DNA（去氧核醣核酸）雙螺旋結構的分子模型。此項成就現在被譽為分子生物學誕生的標誌，是20世紀中生物學的最偉大發現，堪與達爾文提出進化論相媲美。

沃森是美國人，少年時是神童，15歲就進了藝加哥大學動物學系。1947年大學畢業，由於對遺傳學產生了興趣，所以決定想瞭解「基因究竟是什麼」，他選擇了遺傳學作為自

已讀研究生的專業方向。1950年他獲得博士學位，經導師介紹，1951年秋來到英國劍橋大學卡文迪什實驗室。在這裡，遇見了他的研究夥伴克里克。

克里克是英國人，1938年畢業於倫敦大學，學數學和物理。1940年，因戰爭需要，克里克中斷了研究生學習，進入英國海軍所屬的一家研究所從事武器研究。第二次世界大戰結束以後，克里克選擇生物學做為自己的研究方向，想把物理學知識用於對生命問題的研究。1949年他來到劍橋大學卡文迪什實驗室。

沃森和克里克在研究方面志趣相同，知識基礎有互補性。儘管兩人性格不同，沃森內向，克里克開朗，年齡差別十幾歲，但兩人合作得非常好，被人稱為「黃金搭檔」。

沃森和克里克於1951年11月開始合作研究DNA的分子結構問題。此前當時已經有兩組科學家在研究這個問題，而且已經取得了一些進展。一組是在倫敦國王學院工作的維爾金斯和富蘭克林，另一組由美國加州理工學院鮑林領導。沃森和克里克對這兩組的研究進展情況都很瞭解，他們認為，如果他們自己像這兩組一樣從實驗做起，得到實驗資料再考慮DNA的分子結構，那麼他們一定落在這兩組後面。於是他們決定利用別人的實驗資料，直接從建立DNA分子結構模型入手，迎頭趕上。

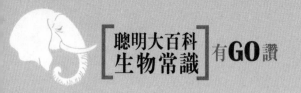

　　1951年5月，沃森在一個科學會議上遇見了維爾金斯，維爾金斯身邊正帶著幾張DNA的X光衍射照片。沃森立即向維爾金斯虛心求教，並開口索要DNA的X光衍射照片。維爾金斯也不藏私，不僅滿口答應，還誠懇地向這位年輕人談了自己的猜想。沃森驚喜異常，深受感動。

　　沃森回到卡文迪什實驗室後，立即把收穫告知了克里克，並和克里克一起進行研究。他們對不太清楚的照片進行分析，認為DNA的結構肯定是螺旋形的。

　　沃森拿起一個放大鏡，又仔細地掃視著圖面，突然，他把目光停在一個十字狀的地方，對克里克說道：「這地方有個交叉，我看這種螺旋很可能是雙層的，就像一個扶梯，旋轉而上，兩邊各有一個扶手。」

　　克里克也感到很興奮，他說：「很有可能。維爾金斯小組的富蘭克林也認為它是雙鍊同軸排列，現在看來這個問題就只差一層窗戶紙沒有捅破了。在這個雙螺旋體裡，到底T、C、A、G這4種物質是怎樣組合排列，只要知道這個也就知道了DNA的模型。」「看來，我們現在的主攻方向應該是做出一個DNA模型，有了這個模型才能說清遺傳機轉。」

　　他們找來金屬絞合線，又參考了富蘭克林測得的一些資料，在實驗室的車間裡開始製作模型。他們反反覆覆，做成一個又拆掉，拆了一個又重做，但是，連續十幾個月，他們

無論怎樣擺放，總是找不到一個理想的模型。

1953年元旦剛過，沃森和克里克就製出了一個新模型。這種模型倒是與已知的資料情況相符，但是，構型卻有點彆扭，因為鹼基分子大小不同，使兩條外骨架發生了扭曲，看上去令人感到不舒服。

沃森坐在桌旁，對著這個奇怪的模型陷入了沉思，他認為這樣彆扭的結構一般來說是不可能的。因為自然界中的生物都常常以一種美的、合理的結構存在，他想神祕的DNA也應該具有一種和諧的、美的結構，而絕不應該這樣歪歪扭扭。

沃森這樣想了一會兒，便把鹼基拆了下來，換了個位置，大小搭配，這樣一來，面前的模型宛如一條凌空飛舞的彩綢，那樣舒展自如，而且又符合前不久關於DNA結構的另一項發現。DNA結構之謎從此解開，開闢了分子遺傳學新領域。這個模型闡明DNA的分子結構是由雙螺旋的結構組成，故稱雙螺旋結構。

1962年，即在模型發現後九年，沃森、克里克和維爾金斯共同獲得了諾貝爾生理學和醫學獎，富蘭克林於1958年因癌症逝世而與此獎無緣。值得注意的是，被稱為分子生物學基石的這個DNA模型的創建者都是年輕人，沃森當時僅25歲，克里克也不過37歲，為DNA模型提供決定性實驗資料的維爾金斯也是37歲。

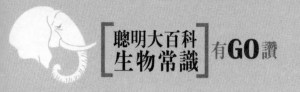
一顆種子改變世界

上世紀九〇年代，一些西方學者提出所謂的「中國威脅論」，這種觀點認為到下世紀三〇年代，中國人口將達到16億，到時候中國乃至全世界都會出現糧食短缺和動盪危機。這時，一個老人向世界宣佈：「中國完全能解決自己的吃飯問題，中國還能幫助世界人民解決吃飯問題。」他就是袁隆平，被世界人民稱為「雜交水稻之父」。

1930年9月1日，一個風和日麗的初秋，在北平協和醫院的產房裡，一個新生命呱呱落地了。為了紀念次子於北平出生，袁興烈先生按照袁氏家族「隆」字的排輩，為這個小嬰兒取名隆平。

袁隆平少年時代興趣廣泛，喜歡音樂，愛好運動，尤其酷愛游泳。1949年夏天，袁隆平高中學業期滿，當父親問他將來的志向時，他回答得很乾脆：「我唯一的選擇就是成為一個農業科學家。」於是，他決定到重慶相輝學院去學農，開明的父親同意了兒子的選擇。從此，袁隆平踏上了一條崎

嶇的探索之路。

畢業後，袁隆平提著簡單的行李，奔向了坐落在湘西深山地帶的安江農校。在這裡，袁隆平選擇了水稻純系選育和人工雜交試驗的科研課題，試驗場地就設在學校分給他的半畝自留地上。

1960年春天，袁隆平在他那半畝試驗田裡，把稻種播下去，他認真地觀察著每一株水稻的成長。一次偶然的發現，他發現了一株「鶴立雞群」的水稻，長著俏麗而挺拔的株形、手掌般的稻穗。他將這棵稻株結出的170粒稻種精心收集起來，次年播種在瓦罐的培養土裡，栽插在窗前的試驗田裡。然而，其結果卻令他大失所望，那株原本優勢很明顯的種苗，其後代的性狀竟然發生了分離，居然沒有一株能趕上其前代。袁隆平凝視著變異的稻株，突然眼前一亮，靈感頓時湧上心頭：那「鶴立雞群」的稻株，是品種間的雜交優勢現象，很可能是一株天然雜交稻的雜種第一代！

就是這一株偶然被發現的天然雜交稻，帶給袁隆平靈感，他想：既然自然界客觀存在著「天然雜交稻」，只要我們能探索其中的規律與奧祕，就一定可以按照我們的要求，培育出人工雜交稻來，進而利用其雜交優勢，提高水稻的產量。這樣，袁隆平從實踐及推理中突破了水稻為自花傳粉植物而無雜種優勢的傳統觀念的束縛，把精力轉到培育人工雜

交水稻這一嶄新課題上來。

　　此後很多年，袁隆平和助手們每天頭頂烈日，腳踩爛泥，低頭彎腰，不辭辛苦地在稻田裡做研究。袁隆平說，他曾經做過一個夢，夢見自己試驗田裡的水稻，像高粱那麼高，穗子像掃把那麼長，粒子像花生米那麼大，他和朋友散步累了，就坐在稻穗下面乘涼。袁隆平說，這叫禾下乘涼圖，希望這個夢能夠實現，屆時中國人吃飯就不成問題了。

　　經過幾十年的努力，袁隆平在水稻田種出越來越高產的稻穀，取得了巨大的經濟效益和社會效益。在國外，人們則把袁隆平研製的雜交水稻稱為「東方魔稻」。國際水稻所所長斯瓦米納森博士評價袁隆平說：「我們把袁隆平先生稱為雜交水稻之父，因為他的成就不僅是中國的驕傲，也是世界的驕傲。他的成就給人類帶來了福音！」

科學實驗區

【實驗一】　膝跳反射

　　有些反射動作是無法控制的，想瞭解有關方面的知識嗎？

需要的材料

按摩槌，椅子

實驗步驟

1. 坐在椅子上，自然地將一條腿搭在另一條腿上。
2. 用橡皮槌輕輕敲扣上面那條腿膝蓋下的韌帶，你會發現小腿會忽然彈起。

實驗大揭祕

當用橡皮槌叩擊膝蓋下方的韌帶時，大腿肌腱和肌肉內的感受器接收到刺激而產生神經衝動，神經衝動傳遞到脊髓裡的神經中樞，再由神經中樞發出的神經衝動指揮大腿上的肌肉收縮，進而表現出小腿突然彈起的現象。

科學小常識

動物先天的反射，稱為非條件反射。它是相對於條件反射而言的。在對條件反射的研究中，作為應該與條件刺激相結合的非條件反射常常應用食物性反射（唾液或胃液的分泌）。

非條件反射是指人生來就有的先天性反射。是一種比較低級的神經活動，由大腦皮層以下的神經中樞（如腦幹、脊髓）參與即可完成。膝跳反射、眨眼反射、縮手反射、嬰兒的吮吸、排尿反射等都是非條件反射。

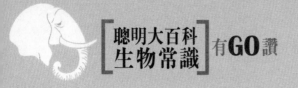
比如說梅子是一種很酸的果實，一吃起來就讓人口水直流。這種反射活動是人與生俱來、不學而能的，因此屬於非條件反射。但「望梅止渴」是根據後天經驗而形成的反射，屬於條件反射。

【實驗二】 變皺的皮膚

手放在水中時間太久，會發現手變得又白又皺。這是為什麼呢？

需要的材料

長方形海棉，碗，清水，剪刀，滴管，凡士林

實驗步驟

1. 將長方形海棉的一邊剪掉一半的厚度，讓其呈現出階梯狀，然後將其放在水裡的碗中浸濕。

2. 拿出海綿，擰乾，在較薄的那一半海綿表面均勻塗上凡士林。你會發現塗了凡士林的表面，油脂擋住了水分，所以很平整，而沒有擦凡士林的部分則產生了褶皺。

實驗大揭祕

人身體上的皮膚上有一層薄薄的皮質，它可以防止皮膚從外界直接吸收水分，而手指和腳趾沒有皮脂腺，所以遇水後就變得膨脹，還出現了褶皺。

科學小常識

假設人身體上的皮膚遇水也會變褶皺，這是多麼令人恐懼的一個事情呀。所以說，人的身體真是大自然的精妙進化。

【實驗三】 變短的手臂

不是機器人手臂也可以變短嗎？來做下面的實驗吧！

需要的材料

空曠的場地

實驗步驟

1. 孩子雙手水平前伸，兩條手臂的長度基本上是一樣長的。讓孩子保持一手仍然水平前伸，另一手做三十到五十次屈伸運動，注意手臂要保持水準，動作幅度稍微劇烈。

2. 然後雙臂回到原始前伸的狀態，孩子會很驚訝的發現運動的手臂忽然短了好幾公分。

實驗大揭祕

人體的關節之間是充滿空隙的，裡面充滿了關節液，當手臂進行屈伸運動的時候，肌肉和韌帶一直在來回伸縮，停止運動後，肌肉和韌帶會產生暫時性的收縮，而且關鍵空隙也會相應縮小，所以手臂就會變短，稍等一會後，就會恢復

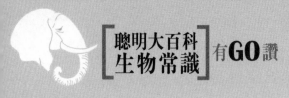
到原來的長度了。

科學小常識

　　儘管人體的關節有多種多樣，但其基本結構不外有關節面、關節囊和關節腔。

1. 關節面：各骨相互接觸處的光滑面叫關節面。關節面為一層軟骨覆蓋稱關節軟骨。

2. 關節囊：由結締組織組成，它附著於關節面周圍的骨面上。可分為內外兩層，外層為纖維層，由緻密結締組織構成；內層為滑膜層，由薄層疏鬆結締組織構成，可分泌滑液，起到潤滑作用。

3. 關節腔：就是關節軟骨和關節囊間所密閉的腔隙。

讀好書品嚐人生的美味

聰明大百科：生物常識有GO讚！